『齐鲁文化基因解码利用工程』项目

人文社科基地文库
农圣文化研究文库

齐民要术

诗译

李兴军◎著

中国农业出版社

北 京

图书在版编目（CIP）数据

齐民要术诗译 / 李兴军著. -- 北京：中国农业出
版社，2024.12. -- ISBN 978-7-109-32817-4

Ⅰ. S-092.392；I227

中国国家版本馆 CIP 数据核字第 2024Z93U81 号

齐民要术诗译
QIMIN YAOSHU SHIYI

中国农业出版社出版

地址：北京市朝阳区麦子店街 18 号楼
邮编：100125
责任编辑：胡晓纯
版式设计：王　晨　　责任校对：吴丽婷
印刷：三河市国英印务有限公司
版次：2024 年 12 月第 1 版
印次：2024 年 12 月河北第 1 次印刷
发行：新华书店北京发行所
开本：700mm×1000mm　1/16
印张：12.5　　插页：1
字数：238 千字
定价：88.00 元

序 承扬贾学立鸿猷

2022年4月底，正是春意盎然的时候，我收到潍坊科技学院李兴军教授微信，嘱我为他即将出版的《齐民要术诗译》（以下简称《诗译》）作序。赏读电子文稿，我感到如沐春风，如饮甘醇。兴军教授以七律的形式再现《齐民要术》这部中国现存最早的综合性农书的精华，实在是一道传承农耕文化的大餐。关于诗词，中国农史界不乏这方面的行家里手，前辈学者中之著名者，有以《荔尾词存》行世的西北农学院（今西北农林科技大学）的石声汉教授，著名古典诗词专家叶嘉莹为之序；华南农业大学的梁家勉教授，有《赤子集》问世，二人被称为中国农史界乃至中国科技史界的"诗词双璧"。在这一传统熏陶之下，其后更有众多的大家，如李根蟠先生，尽管其诗作中示人者不多，却也可见其浸淫其中，功力非凡。上述前贤都已作古，而同辈学人中也不乏青年才俊精于此道。我个人尽管早年也有此爱好，加入了中华诗词学会，偶尔也有作品在朋友间流传，但毕竟与前贤大家相比，差得太远，为兴军的《诗译》作序，自愧缺乏权威性。但虑及我是第一个拜读之人，此外还身为潍坊科技学院兼职研究员，作为同事，被请之，岂有推托之理，便恭敬不如从命。兴军教授所在潍坊科技学院农圣文化研究中心，自成立以来，推出了许多学术成果，2017年，20分册的"中华农圣贾思勰与《齐民要术》研究丛书"的出版，就是重要代表，而兴军的《〈齐民要术〉之农学文化思想内涵研究及解读》是其一。作为现任中心主任，兴军历时多年完成了52集原创电视动画片《农圣贾思勰》剧本的创作，该片2018年在中央电视台新科动漫频道播出后，获得了第十三届山东省文艺精品工程奖，入选了教育部高校原创文化精品推广行动计划。兴军著述颇多，特别是2017年在科学出版社出版的学术专著《农圣文化概论》，堪为"贾学"研究的重要里程碑。潍坊科技学院就在贾思勰的家乡寿光，因此本书将是继昔日高阳太守贡献给全中国，作为农耕大国地方官员指导生产的"农业百科全书"《齐民要术》后，来自寿光的又一本文学与农业结合的重要作品，堪称农诗结合的典范，所以本书的出版又多了一份特殊的意义。我当然责无旁贷，应该隆重推荐，以彰其功。

兴军教授大学就读于中文系，毕业后，时有诗文问世。因为有浓厚的古典诗词与文学情结，他相继加入了山东省楹联艺术家协会、山东省写作学会、中国楹联学会和山东省作家协会，还是寿光市作家协会副主席。本书使用七律形式译解农学经典《齐民要术》，又用《齐民要术》原文作诗注，思路精妙，形式新颖，既可以诗知著，又能由源赏诗，不得不说是一部站在高起点上的文化传承杰作。

七律是中国传统诗歌中最见功底的艺术形式之一，起源于南朝齐永明年间沈约等讲究声律、对偶的新体诗，至盛唐杜甫时成熟，是时代文化昌盛的标志之一。格律诗由八句组成，形式严格，字数整齐，七律每句七字，两句一联，分首、颔、颈、尾四联，中间两联对仗。名作代表有崔颢的《黄鹤楼》、杜甫的《登高》、李商隐的《安定城楼》等。如果说诗词占据了中国文化宫殿里皇冠的角色，那么七律则是镶嵌在这顶皇冠上最耀眼的一颗明珠。兴军教授诗译的《齐民要术》，是距今近1 500年前北魏时期的贾思勰所著，也是迄今我国现存最早、最系统的一部综合性农书，全书10卷92篇，系统地总结了6世纪及以前黄河中下游地区劳动人民的农牧业生产经验、食品加工与贮藏、野生植物利用以及治荒方法，详细介绍了季节、气候、土壤与不同农作物的关系以及具体生产技术，被誉为"中国古代农业百科全书"。该书"采捃经传，爱及歌谣，询之老成，验之行事"，包含大量方言，世称"奇字错见，往往艰读"，兴军将全书精华，用七律这一艺术形式呈现，堪称一大幸事。

近年来，随着中国经济的高质量发展，文化自信愈见行动，神州大地上诗词学习、赏析、诵读、演唱、创作等，已成社会风尚。中央电视台的《中国诗词大会》，轰轰烈烈，震撼国人，影响了华文世界。现今，诗词创作呈现出少有的热闹场面，创作者遍及各类人群，据估计有300万人之多。他们视作诗填词为生活、为生命、为事业，昼耕夜耘词海诗田，乐此不疲。这些力量汇成了中华诗词的大合唱，成为中华诗词复兴的推动合力。致力于中华诗词的复兴，实际是在履行着我们的一种使命，那就是为建设文化强国，为中华民族的复兴，尽诗词界的一份力量。

兴军教授以《齐民要术》为依托的农书诗译，每篇一首（部分篇目因内容丰富多至二或三首)，共 95 首译诗，另外加上附录中与农圣、农业相关的诗词作品，全书总计有 119 首诗词（联）。以诗词这一独特的文化形式，传播中华农耕文明，践行了传承农耕文化的重要使命。同时，兴军还特地在每首诗的题目后面注明所用韵部，借此向读者传播诗词格律知识，表现出他认真严谨的治学态度，以及用韵严依规范的创作实践。

如开篇第一首《齐民要术序》诗：

博览群书礼圣贤，从来耕稼未欺天。
君求吏治皆勤力，国富民安一梦牵。
汲古爰时亲证信，揆编分目纂成篇。
资生之业靡无备，畀以家人断苦渊。

全诗以贾思勰自序为创作素材，将著书之因、主要内容及其意义作了恰如其分的概括凝练，对仗工整，诗意盎然。首联综合了序的整体内容，并化用贾氏“采捃经传，爰及歌谣，询之老成，验之行事”的自述，点明贾思勰撰著《齐民要术》是从典籍学习中汲取灵感，继承的是先贤们的家国情怀和理想。颔联强调我国历来重视农业，自古以来，五谷丰登、六畜兴旺、国富民安就是君臣和百姓的梦想。颈联说明贾思勰创作时，不仅搜求古训，同时还从实践中总结智慧，又按照农业生产内容作了分类别目，形成篇章，也即序中贾氏自述：“凡九十二篇，束为十卷。卷首皆有目录，于文虽烦，寻览差易。”尾联化用了序中贾氏所言“起自耕农，终于醯醢，资生之业，靡不毕书”的表述，说明《齐民要术》内容的丰富和序末贾氏强调的“丁宁周至，言提其耳，每事指斥，不尚浮辞”，即贾氏希冀通过这部农书让老百姓学会相关生产技术，脱离苦海，过上幸福生活的良苦用心。2 000 多字的原序，兴军教授用 56 个字就说明白了，可见诗的凝练性与兴军教授深厚的文字驾驭功底。

再如《种梅杏第三十六》诗：

董奉传名在杏林，救饥济困布甘霖。
参同桃李堪栽种，盐剹藏来更可心。
千树木奴除岁馑，满枝黄杏泛禅音。
乌梅入药还别论，杏子为粥最可歆。

首联对原著该篇引用《神仙传》中关于董奉行医不取钱，让愈者栽杏为酬，杏成林，董又在林中设仓以杏易谷、赈救贫乏的故事作了概括化用，说明杏有救荒之用。颔联记述杏与桃李的栽种方法相同，食用上可用盐藏法。颈联告诉人们要多栽种杏树，可赈贫穷、救饥馑，即原著所引董奉故事和贾氏所强调的"木奴千，无凶年"。尾联概括了原著关于乌梅可入药、杏仁可为粥的记载。又是 56 个字就形象地概括了原著该篇的所有核心内容，称得上字字珠玑。

上面只是本书中的两例，通读下来，每首译诗对应原著，各得其彩，对古典诗词感兴趣的读者，当然会从中领略到农书内容与诗词之间的完美结合。当然，部分诗作可能还存在一些格律或者用词方面的些许遗憾，但对这样一部千年农学巨著进行创新阐释本就困难重重，何况对于一位现代学者，又是用古典诗词形式译解经典呢？我想读者是能够理解的。

读完书稿，我认为本书的出版至少具有三方面的价值：一是创新了古典农书的传播方式，赋予了古农书新的生命力。《齐民要术》显然不仅是一本历史上的农书，它对我国农耕传统中精耕细作技术的记载，蕴含着非常独到的农耕智慧，在今天仍然具有重大的现实意义，对实施乡村振兴战略具有重要的参考价值。二是译诗用原著作注，可形成诗与原著的对阅，互相增益，相得益彰，能帮助读者迅速把握原著核心内容，引导读者正确阅读古农书。三是"诗译"这一形式，还有效地传承、传播了中华优秀传统诗词知识，对激活国人对传统诗词的记忆、增强文化自信，具有重要意义。实在是一书多功，可喜可贺，可推可介。

最后笔者试合本书特点撰七律，以示祝贺：

> 诠书百首意悠悠，农圣精神脉未休。
> 律现盛唐光禹甸，韵依平水诵千秋。
> 农耕妙髓焉能绝，畅快诗风孰与俦。
> 满目琳琅堪继世，承扬贾学立鸿猷。

徐旺生

2022 年 5 月底于北京

体例说明

　　《齐民要术诗译》以贾思勰《齐民要术》92篇原文为诗译底本，增译了序后卷前《杂说》，除部分篇目（《种桑、柘第四十五》译作三首，《种榆、白杨第四十六》译作二首，《造神曲并酒第六十四》《白醪曲第六十五》《笨曲并酒第六十六》《法酒第六十七》四篇综合译作二首，卷十《五谷、果蓏、菜茹非中国物产者》译作一首）外，基本每篇译作一首七言律诗，全书共计译诗95首，若附录中的《农圣归里图》题诗、《农家秋韵五吟》、《沁园春·咏农圣》、《七律·问农圣》等计算在内，总计有119首诗词（联）。译诗结构分为七部分：

　　1. 卷首书影。《四部丛刊》本《齐民要术》各卷书影（仅录各卷中篇之总目录）列于各卷译诗前，以期读者对古书概貌有一了解。

　　2. 诗题。即每首译诗的标题，以贾思勰《齐民要术》各篇的篇题为诗题（篇题有附加内容的以小字号区别各篇正题体现），不另命题，且独占一行，以期与《齐民要术》原著相对应，清晰醒目。

　　3. 诗韵说明。明确每首译诗的用韵情况，为区别于诗题，以下标形式附于诗题之后。诗作用韵均从《平水韵》平声部取字，"附录"部分有译诗所用格律可供参考。

　　4. 诗题解。即对全诗内容的概括，以诗题上标、页内下方出注方式，概括介绍《齐民要术》每篇的主要内容，列于注释（页下注）之首。

　　5. 译诗正文。根据七言律诗的四联特点，以两句一联一行的格式排列，便于读者对七律格式有一具体了解。

　　6. 译诗注释。为便于理解和对读《齐民要术》原著，注释以页下注方式对诗中的重难点字词、读音、各联作简单注释，又多征引《齐民要术》相关原文和专家学者观点，以求简而不略，让读者有一个相对全面的了解。

　　7. 附录部分。选取了《齐民要术》不同版本书影与《齐民要术》相关的代表性研究论文，以供读者参阅，并对律诗格律，以及部分与贾思勰《齐民要术》、农业相关的诗词作了简要介绍和补充。

目录

序　承扬贾学立鸿猷
体例说明

1

齊民要術序

後魏

蓋神農為耒耜以

時舜命后稷食為政首禹制土田萬國作乂

殷周之盛詩書所述要在安民富而教之管

子曰一農不耕民有飢者一女不織民有寒

者倉廩實知禮節衣食足知榮辱夫人文曰四

體不勤五穀不分夫子傳曰人生在勤

勤則不匱語曰力能勝貧謹能勝禍蓋言勤

力可以不貧謹身可以避禍故李悝為魏文

《齐民要术》序书影（《四部丛刊》本）

齐民要术序①　　下平一先

博览群书礼圣贤，从来耕稼未欺天。②

君求吏治皆勤力，国富民安一梦牵。③

汲古爰时亲证信，揆编分目纂成篇。④

资生之业靡无备，畀以家人断苦渊。⑤

【注释】

①题解。学界认定《齐民要术》序是贾思勰自书之文，计有 2 700 余字，主要说明了《齐民要术》（以下简称《要术》）的写作目的、基本思想和观点，以及全书的结构体例、论说对象和资料来源，具有总括性意义。也可作为北魏地方官员贾思勰的一篇施政宣言。

②首联。据考证，《要术》引用古代典籍涉及经、史、子、集等各门类，总量达 160 余种。同时，贾氏还援引古代名君、贤臣和地方官员等的政绩、言论、故事若干，来说明发展农业的重要性，以及进行农业技术创新、教化农民和勤俭节约的必要性，强调"稼穑艰难""人生在勤，勤则不匮""力能胜贫，谨能胜祸"，反映出贾氏坚定的农本思想和民本思想。

③颔联。序中首段末，贾氏写有"要在安民，富而教之"一句，既是评述和肯定"殷周之盛"的治国之措，廓清《诗》《书》之大义，又是借此表明自己的著书目的。

④颈联。序中，贾氏用"采捃经传，爰及歌谣，询之老成，验之行事"说明自己的撰著原则和资料来源，同时还明确著作内容："起自耕农，终于醯醢，资生之业，靡不毕书，号曰《齐民要术》。凡九十二篇，束为十卷。卷首皆有目录，于文虽烦，寻览差易。"

⑤尾联。贾氏在序末言："鄙意晓示家童，未敢闻之有识，故丁宁周至，言提其耳，每事指斥，不尚浮辞。览者无或嗤焉。""畀"（bì），给，给予。"家人"，天下百姓，指贾氏以天下百姓为一家人也。

杂说① 　上平四支

借古托贤事未奇，了能尘尽现真姿。②
杂说卷三吾言卅，复见此文必惑疑。③
书家无心争究竟，学人有意论瑕疵。
何须冷对多诘难，踏粪之方便可师。④

【注释】

①题解。《要术》卷三已有《杂说》一篇，此篇《杂说》夹在序与第一卷间，学界已公认此篇《杂说》非贾氏原作。通过对其用词和内容的分析，石声汉先生推测其是隋唐以后的人抄写时添加进去的，即此篇《杂说》为伪托之文。因随《要术》流传已久，后世传刻印本大多保留之，故"诗译"也从俗诗之。

②首联。由此及彼，既就此篇《杂说》而论，又有言古讽今之意。"借古托贤"是指此篇《杂说》的作者以"后稷"自诩，托贾思勰《要术》而记录此文。这一妄自尊大、沽名钓誉的现象自古就不鲜见。第二句是说自清代以来，就不断有学者怀疑此篇非贾氏原作，现在学界也已形成共识，即此篇为伪作。

③颔联。上联是以贾氏自语方式说明《要术》卷三第三十篇即是贾氏所作《杂说》，下联言世人读原著一定会疑惑作者有误。

④尾联。此篇伪作《杂说》并非一无是处，其中的"踏粪法"即是今天所说的"垫圈"圈肥法。据石声汉先生考证，此篇所记的"踏粪法"是我国古农书中有关厩肥的最详细记录。

齊民要術卷第一

耕田第一

周書曰神農之時天雨粟神農遂耕而種之作陶冶斤斧為耒耜

鉏耨以墾草莽然後五穀興助百果藏實世本曰倕作耒耜倕神

農之臣也呂氏春秋曰耜博六寸爾雅曰斫謂之定纂文曰養苗之

二曰赤刃斷廣二寸以定纂文曰劉此除草也許慎說文曰耒手耕

木也斷研也齋謂之鑆基一曰斤柄自曲者也田陳曰樹穀耒耜曰

田象四口十阡陌之制也耕犁也從耒井聲一曰古者井田樹穀耒耜端

釋名曰田填也五穀填滿其中犁利也利則發土絕草根耜似鋤熙

以姪耨鉏物根斷誅株也主

耕田第一^①　下平七阳

耕稼先别治地床，山泽高下辨周详。^②

草耘土辟全凭巧，罢了还须粪美壤。

时当土和勤待理，人营畜役少劳伤。^③

顺天承道择良器，沃野无言即廪仓。^④

【注释】

①题解。土地是农业生产的基础所在，此篇专门论述了如何开荒，开荒后如何耕作的问题。贾氏详细记述了黄河中下游平原地区旱地耕田操作的基本原则，强调保墒（保持土壤水分）、适时（赶上时令）和增强土壤肥力的重要性。对一年之中各个节气、时令的农事，有具体、翔实的叙述。同时，还明确提出以"自然物候"（自然季节变化时动植物的生命活动现象，即二十四节气中的物候）作为季节标识，来判断决定农业生产的操作进程，在今天仍是有用、合理的科学知识。

②首联。《要术》此篇论述了田分山田、泽田（低洼地），又有高田（地势较高者）、下田（相对高田而论）之别，不同田地的耕作方法和种植作物都应有所区别。"治地床"是指种庄稼的田地。"别"，动词，区别、分辨。

③颔联与颈联。表明开荒、保墒、使用绿肥、使用畜力等技术措施非常巧妙。《要术》载："凡开荒山泽田，皆七月芟艾之，草干即放火，至春而开垦（根朽省功）。""耕荒毕，以铁齿镅榛再遍耙之，漫掷黍穄，劳亦再遍。明年，乃中为谷田。""菅茅之地，宜纵牛羊践之（践则根浮），七月耕之则死（非七月，复生矣）。"又强调"凡秋耕欲深，春夏欲浅。犁欲廉，劳欲再（犁廉耕细，牛复不疲；再劳地熟，旱亦保泽也）。秋耕稚青者为上（比至冬月，青草复生者，其美与小豆同也）。初耕欲深，转地欲浅（耕不深，地不熟；转不浅，动生土也）"。此外，贾氏还提出培育绿肥的"美田之法"："绿豆为上，小豆、胡麻次之。……其美与蚕矢、熟粪同。"贾氏家乡有许多谚语强调多施肥的重要性，比如"种地不施粪，等于瞎胡混。肥撒一大片，不如一溜线"，"养地不是一日功，年年培肥不放松"，"深耕一寸，等于上粪"等。稚青，即培育绿肥。中国推广使用绿肥比西方早1 000多年。焦彬在《论我国绿肥的历史演变及其应用》中认为，西周和春秋战国时代是

从锄草肥田到养草肥田利用绿肥的萌芽阶段，之后直至西晋时期，是我国应用栽培绿肥阶段，魏晋南北朝时期是我国绿肥学科体系的初建阶段，《要术》一书是中国绿肥发展史上的一个重要里程碑。

④尾联。"顺天承道"是指《要术》引《氾胜之书》"凡耕之本，在于趣时，和土"，即"得时之和，适地之宜"。"择良器"是指《要术》在此篇末，讨论的"三辅"地区（辖地相当于今陕西关中平原地区）"三犁共一牛，一人将之"与辽东耕犁（两牛一犁六人）、济州以西的长辕犁和两脚耧、齐人的蔚犁之间的优劣对比，强调了选择合适、先进农具的重要性。

收种第二^①　　下平一元

无种良田亦枉然，精心选穗莫偷闲。^②

取纯别种独存窖，杂艾择强避害涎。^③

浥郁伤心空泪目，曝淘肥种展笑妍。^④

宜之物地播其种，天佑农家庆有年。^⑤

【注释】

①题解。贾氏对种子在农业生产中的重要性有着相当清楚的认识。此篇介绍了种子的选优与具体标准，选后的保纯、防虫、收藏等；引《周官》《周礼》介绍了种植前种子的"粪种"处理（即在种子外面附加一层适于其生长的微生物培养基，贾氏所记是依古法用动物骨熬汁浸渍种子，使种子新出幼根能旺盛生长。西汉郑玄持同见，晚清经学大师孙诒让则认为"粪种"之"种"是种植之义，粪种即粪田种植，而非骨汁渍种)，以及不同土壤需用不同动物的骨汁"粪种"（此说为《周礼》原文，还是汉末人添入，石声汉先生存疑）。

②首联。强调选种的重要性，《要术》强调欲作种者宜"常岁岁别收"。"无种"，种（zhǒng），种子。

③颔联。介绍了种子的选择、种植、管理、收藏、防虫之法。《要术》载："选好穗纯色者，劁刈高悬之。至春治取，别种，以拟明年种子。"同时还记载，要"其别种种子，常须加锄（锄多则无秕也）。先治而别埋（先治，场净不杂；窖埋，又胜器盛），还以所治襄草蔽窖（不尔，必有为杂之患）"。"别种"，种（zhòng），种植。"择强"，选用好种子。

④颈联。强调优良种子的重要性，《要术》载："凡五谷种子，浥郁则不生，生者亦寻死。"种前还要"水淘（浮秕去则无莠），即晒令燥，种之"。此法，在今天的农村仍有用者，但更多的做法是扬箕去秕。"肥种"，种（zhǒng），种子。

⑤尾联。《要术》载："依《周官》相地所宜而粪种之。"贾氏引用《周官》所记强调要根据土地特点选择不同的骨汁粪种。"播其种"，种（zhǒng），种子。

种谷第三① 上平四支

稗附出，稗为粟类故

民本无非即谷糜，四时得所事相宜。②
种之无逆合天地，何惧阴阳守旧词。③
捷获勤锄杂五类，区田溲粪劝多师。④
若愁良种难甄定，聊请君参所列兹。⑤

【注释】

①题解。此篇在《要术》中篇幅最长，详细介绍了黄河中下游旱作地区谷物栽培的技术知识，贾氏共搜集、记录了当时种植的86个谷子（粟）的品种，并作了命名及品质、性状分析。就播种适宜的条件、土地肥瘠与种植时间关系、播种方法、播种量、间苗、中耕、除草、施肥、灌溉等技术原理，以及谷物的保护、收获、储藏，作了精确、细致、周到的总结。并强调了提高单产的"区（ōu）种法"，以及"杂种"备荒思想。具有古代种植业中作物耕作栽培总论的性质。

②首联。意在体现洪范八政，食为政首思想，即农本思想和民本思想，也即贾氏引《淮南子》"食者民之本，民者国之本，国者君之本"思想。《耕田第一》引《礼记·月令》说明一年四季皆应有所事事。同时，又引《淮南子》"耕之为事也劳，织之为事也扰。扰劳之事而民不舍者，知其可以衣食也"加以强调。贾氏家乡谚语"六月六，看谷秀，七月七，把谷吃"，"麦高成，谷高秕，黍秫高了不晒米"等皆为农事中形成的智慧结晶。

③颔联。意指贾思勰在本篇中提出的"顺天时，量地利，则用力少而成功多。任情返道，劳而无获"。反对《氾胜之书》等所说的"凡九谷有忌日，种之不避其忌，则多伤败"。贾氏引《史记》"阴阳之家，拘而多忌"，认为"止可知其梗概，不可委屈从之"。同时引《孟子》"不违农时，谷不可胜食"加以强调。"种之"，种（zhòng），动词。

④颈联。"捷获"指贾氏赞同《氾胜之书》"获不可不速，常以急疾为务"的观点。本篇引杨泉《物理论》"稼欲熟，收欲速。此良农之务也"，又引《汉书·

食货志》"力耕数耘，收获如寇盗之至"，说明收获宜速。同时，强调"锄不厌数，周而复始，勿以无草而暂停"。"杂五类"体现贾氏备荒的忧患意识，本篇引《汉书·食货志》"种谷必杂五种，以备灾害"，说明备荒的重要性。贾氏引《氾胜之书》："稗，既堪水旱，种无不熟之时，又特滋茂盛，易生芜秽。……宜种之，备凶年。稗中有米。熟时捣取米，炊食之，不减粱米。又可酿作酒。"并注曰："酒势美酽，尤逾黍秫。魏武使典农种之，顷收二千斛，斛得米三四斗。大俭可磨食之。若值丰年，可以饭牛、马、猪、羊。""区田溲粪"指区田法、溲粪法，本篇引用大量典籍（主要是《氾胜之书》）说明其是有效提高单产的精耕细作技术，是我国重要的农耕传统，也是劳动人民智慧的结晶。"劝多师"，意为要多以这些优秀的传统经验为师。

⑤尾联。贾氏在文中搜集列举了86种谷子品种，并对其命名、品质、性状作了细致分析，对现代作物命名仍有积极的参考价值。

黍穄第四

爾雅曰秬黑黍秠一稃二米郭璞注云秬亦黑黍但中米異耳孔子曰黍可以為酒廣志云有牛黍有稻尾黍秀成赤黍有馬革大黑黍有秬黍有溫色黃黍有白黍有馵芒鴛鴦之名秫有赤白黑青黃鴛鴦尼五種棗今俗有鴛鴦黍曰蠻黍丰夏黍有驢皮稷崔寔曰廉黍之秫熟者一名稊也凡黍穄田新開荒為上大豆底為次穀底為下地必欲熟者再轉乃佳若春夏耕一畝用子四升三

齊民要術卷第二　　後魏高陽太守賈　思勰　撰

《齐民要术》卷二篇目书影（《四部丛刊》本）

黍穄第四^①　　下平七阳

黍穄名添百谷行，新田熟地最为良。^②

月三旬首候时令，苗陇平齐耢地忙。^③

刈获有别观色貌，燥蒸随性忌同章。^④

黍禾疏密存殊议，味美薄收亦是粮。^⑤

【注释】

①题解。此篇介绍了黍和穄这两种粮食作物的性状、种植方法（时令、对土壤的要求、种子的用量等）、田间管理、收获时的注意事项等内容。

②首联。介绍黍穄同为粮食作物，以及种黍穄的地宜与耕作要求。《要术》载："凡黍穄田，新开荒为上，大豆底为次，谷底为下。地必欲熟（再转乃佳。若春夏耕者，下种后，再劳为良）。"底，指前茬作物种植后的田地。

③颔联。介绍种植黍穄的时宜。《要术》载："三月上旬种者为上时，四月上旬为中时，五月上旬为下时。""旬首"，一月三旬，旬首即首旬，非指一旬第一天。又载："苗生垅平，即宜耙劳。锄三遍乃止。"

④颈联。介绍收获的时宜、脱粒注意事项，及处理上忌相同的办法。即《要术》所载："刈穄欲早，刈黍欲晚（穄晚多零落，黍早米不成。谚曰：'穄青喉，黍折头'）。皆即湿践（久积则浥郁，燥践多兜牟）。穄，践讫即蒸而裹之（不蒸者难春，米碎，至春又土臭；蒸则易春，米坚，香气经夏不歇也）。黍，宜晒之令燥（湿聚则郁）。"

⑤尾联。贾氏对《氾胜之书》"凡种黍……欲疏于禾"有不同意见，认为（黍）"今概，虽不科而米白，且均熟不减，更胜疏者"。概，密植。同时对黍穄的品性作了辨别记载："凡黍，黏者收薄。穄，味美者亦收薄，难春。"

粱秫第五① 上平十四寒

粱秫之文谩论单，耕同谷法宜相观。

地薄稀种还须早，莫待苗伤泪满纨。②

贪概求丰实昧巧，勤锄晚获方清欢。③

立身垂首谦谦貌，满腹经纶济世安。④

【注释】

①题解。此篇文字简短仅百余字，简要介绍了粱和秫两种粮食作物栽种时的特殊要求——"瘦地稀植"，以及它们的田间管理、收割要求。

②首联与颔联。意在说明粱秫播种与谷同时（谷三月上旬种为上时，时间较早），要稀植，同时对土壤的要求不高，强调"地良多秕尾，苗概穗不成"。"稀种"，种（zhòng），动词。"纨"，很细的丝织品，此处代指衣服。关于农作物稀植，产量低而品质好的问题，一直是学界争论焦点。

③颈联。说明粱秫喜薄地稀植，收获求晚。《要术》载："（粱秫）收刈欲晚（性不零落，早刈损实）。""概"，形容种植稠密。"丰"，动词，丰收。

④尾联。写粱秫成熟时穗头低垂貌，将之比作满腹经纶的谦谦君子，君子修身、齐家、治国、平天下，而粱秫米能让人们食之果腹。

大豆第六① 下平七阳

大豆堪当保岁粮，美薄之地恁深藏。②

待其叶落方收讫，人道菽熟喜在场。③

区种不嫌肥水重，收成自比邻家强。④

非独人贵食同肉，茭概收来畜啖香。⑤

【注释】

①题解。大豆原产我国，有植物中的"肉"之美誉，含有丰富的蛋白质，营养价值很高，自古我国劳动人民就喜爱食用豆及各种豆制品。此篇介绍了大豆的品种、播种时间、对土壤的要求，特别指出因下种时间不同，种子用量也不同。此外，还介绍了《氾胜之书》记载的提高单产的"区种大豆法"。

②首联。《要术》引《氾胜之书》强调大豆可以备荒，载有："大豆保岁易为，宜古之所以备凶年也。"又载："（种植大豆）地不求熟（……地过熟者，苗茂而实少）。……必须耧下（种欲深故。豆性强，苗深则及泽）。""恁深藏"，指"种欲深"，与贾氏家乡今谚"麦耩黄泉谷露糠，豆子耩在地皮上"是不同的，概今水利条件优矣。又引崔寔语，强调大豆种植的稠密关系："美田欲稀，薄田欲稠。"

③颔联。谈大豆的收获，《要术》载："叶落尽，然后刈（叶不尽，则难治）。……九月中，候近地叶有黄落者，速刈之（叶少不黄必泡郁。刈不速，逢风则叶落尽，遇雨则烂不成）。"又引《氾胜之书》载："获豆之法，荚黑而茎苍，辄收无疑；其实将落，反失之。故曰：'豆熟于场。'于场获豆，即青荚在上，黑荚在下。"

④颈联。谈提高大豆单产的区种法，引《氾胜之书》"区种大豆法"载："其坎成，取美粪一升，合坎中土搅和，以内坎中。……一亩用种二升，用粪十二石八斗。"贾氏家乡有谚曰："入伏热，一棵豆子打一捏；入伏冷，一棵豆子打一捧。"这是通过气候预测收成的农谚，盖亦贾氏之遗风也。

⑤尾联。写概种大豆用作畜用的"茭豆"，《要术》载："种茭者（指茭豆，大豆叶茎尽收干藏为牲畜越冬饲料），用麦底……（旱则其坚叶落，稀则苗茎不高，深则土厚不生）。"

小豆第七① 下平七阳

小豆别三喜麦床，熟耕漫掷待生长。②

但观荚色青黄间，叶落拔回倒聚场。③

采叶食之多谨慎，失膏减益剩悲伤。④

纵横锄罢苗方盛，丰稔从来远惰郎。⑤

【注释】

①题解。此篇介绍了小豆播种的时间、播种方法以及锄、治等田间管理的注意事项。

②首联。"小豆别三"，指小豆有绿豆、红小豆、黑豆之分。"喜麦床"，指小豆喜欢（前作）麦茬地。《要术》载："（小豆地要）熟耕，耧下以为良。泽多者，耧耩，漫掷而劳之，如种麻法。"

③颔联。写小豆的收获，《要术》载："豆角三青两黄，拔而倒聚笼丛之，生者均熟，不畏严霜，从本至末，全无秕减，乃胜刈者。"

④颈联。古时以豆叶为蔬，《要术》引《氾胜之书》载："大豆、小豆，不可尽治也。古所以不尽治者，豆生布叶，豆有膏，尽治之则伤膏，伤则不成。而民尽治，故其收耗折也。故曰，豆不可尽治。"此处的"治"，指采摘。诗中"减益"，指减少收成。

⑤尾联。写豆类的田间管理。《要术》载："凡大小豆，生既布叶，皆得用铁齿鎘榛纵横耙而劳之。"又见颈联注释引文。

种麻第八^①　　上平十三元

麻可衣食列谷门，雌雄各异有乾坤。^②

良田熟粪耕无厌，渍种催芽落必根。^③

逐雀运锄无所害，勃灰收净沤晨昏。^④

暖泉适量生熟宜，报尔柔丝养体尊。^⑤

【注释】

①题解。麻，在古代主要用雄麻纤维制作衣物，雌麻种子可取油制烛。此篇介绍了麻的选种、播种（包括时令、土质、种子用量等）、田间管理、收获，特别介绍了雄株的种植方法。

②首联。麻是一种雌雄异株的植物，在古代称雄株为"枲"（xǐ），称雌株为"苎"（zì）或"苴"（jū）。贾氏时代，人们尚以雌麻的种子为食物，而要获取纤维制作衣服，则必须专门种植雄株。

③颔联。写麻的地宜与种植技术。《要术》载："麻欲得良田，不用故墟。地薄者粪之（粪宜熟，无熟粪者，用小豆底亦得……）。耕不厌熟（纵横七遍以上，则麻无叶也）。田欲岁易（抛子种则节高）。"又载催麻种出芽法："泽多者，先渍麻子令芽生（取雨水浸之，生芽疾；用井水则生迟……）。""落必根"，即对麻的"抛子种（zhòng）"而言。

④颈联。意在介绍麻的田间管理和收获、治麻方法，《要术》载："麻生数日中，常驱雀（叶青乃止）。布叶而锄（频烦再遍止。高而锄者，便伤麻）。勃如灰便收（刈，拔，各随乡法。未勃者收，皮不成；放勃不收而即骊）。䈐（jiǎn，小束，即将麻捆绑成小束）欲小，穛（铺开）欲薄（为其易干）。一宿辄翻之（得霜露则皮黄也）。获欲净（有叶者喜烂）。""沤晨昏"，指沤麻需一宿。

⑤尾联。关于沤麻，《要术》载："沤欲清水，生熟合宜（浊水则麻黑，水少则麻脆。生则难剥，大烂则不任。暖泉不冰冻，冬日沤者，最为柔韧也）。"

种麻子第九① 下平六麻

收子成烛种苎麻，恁其长夜也穷涯。②

择时忌概常锄净，勃放除雄勿有差。③

路傍谷田植防畜，菽中杂地泪嗟呀。④

更宜闲处芜菁伴，霜后斫收倍美嘉。⑤

【注释】

①题解。繁殖麻，必须有种子；要取得种子，必须兼种一部分雌株（《要术》称之为"麻子"），此篇专门介绍了麻子的选种、下种、间种、锄地、施肥、浇水、收获等整套技术。

②首联。写麻子的用途，其可制作照明的蜡烛。《要术》载："止取实者，种斑黑麻子（斑黑者饶实。崔寔曰：'苴麻，子黑，又实而重，捣治作烛，不作麻'）。""苎麻"，雌麻。

③颔联。写麻子种植时宜与田间管理。《要术》载："三月种者为上时，四月为中时，五月初为下时。大率二尺留一根（概则不科）。锄常令净（荒则少实）。既放勃，拔去雄（若未放勃去雄者，则不成子实）。"

④颈联。写种麻子的禁忌及其防畜功能。《要术》载："凡五谷地畔近道者，多为六畜所犯，宜种胡麻、麻子以遮之（胡麻，六畜不食；麻子啮头，则科大。收此二实，足供美烛之费也）。慎勿于大豆地中杂种麻子（扇地两损，而收并薄）。"

⑤尾联。写麻子地中可套作芜菁，提高综合经济效益。《要术》载："六月间，可于麻子地间散芜菁子而锄之，拟收其根。"诗中"闲处"，即指"麻子地间"。"霜后斫收"，是指秋后收获麻和芜菁，《要术》引《氾胜之书》载："获麻之法，霜下实成，速斫之；其树大者，以锯锯之。"

大小麦第十^①　　下平八庚

瞿麦附

穬燕䅘秾谓类名，田畴六道麦先行。^②

布蒿窖麦除虫害，暵地逐犁数秾旌。^③

适地合时锄必当，渍浆伴矢掩晶莹。^④

区田勤治能多获，管教家家廪满盈。^⑤

【注释】

①题解。此篇详细记述了大小麦播种的时令、方法，田间管理，收获和储藏技术。特别介绍了氾胜之的"区种麦法"，以及储藏上的窖麦法、剿刈法，非常具有参考价值。

②首联。写麦的种类及其在农业生产中的地位。"穬、燕、䅘、秾"是不同麦的名称。䅘（móu），大麦；秾（lái），小麦。另有旋麦（春麦，当年春播当年秋收的麦）；穬麦，即裸大麦，西北、青藏等地叫青稞；瞿麦，即燕麦（又称"雀麦"）。《要术》载："《氾胜之书》曰：'凡田有六道，麦为首种。种麦得时，无不善。'"

③颔联。写小麦的窖藏与防虫技术，《要术》载："令立秋前治讫（立秋后则虫生）。蒿、艾箪盛之，良（以蒿、艾蔽窖埋之，亦佳。窖麦法：必须日曝令干，及热埋之）。多种久居供食者，宜作剿麦：倒刈，薄布，顺风放火；火既着，即以扫帚扑灭，仍打之（如此者，经夏虫不生；然唯中作麦饭及面用耳）。"蒿、艾，同属菊科。艾，嫩叶可食；蒿，指青蒿，至宋代还有作食用者。二者均有防治农业害虫和灭蚊作用，《要术》藏麦已运用了药物防虫，足见我国先民的劳动智慧。

关于大小麦的耕种，《要术》载："大小麦，皆须五月、六月暵（hàn，晾晒）地（不暵地而种者，其收倍薄……）。种大小麦，先耢（liè，耕田起土），逐犁秾（yǎn，以土盖种盖肥）种者佳（再倍省种子而科大。逐犁掷之亦得，然不如作秾耐旱）。""数"（shǔ），比较起来最突出；"旌"，本义为古代一种旗杆顶上用彩色羽毛装饰的旗子，此处形容秾种的麦长得旺盛之貌。贾氏家乡有谚曰："麦锄八遍面充斗，谷锄八遍糠没有，瓜锄八遍爪上走。"

④颈联。《要术》引《氾胜之书》载："种麦得时，无不善。夏至后七十日，可种宿麦。早种则虫而有节，晚种则穗小而少实。"又载："（穬麦）八月中戊社前种者为上时，下戊前为中时，八月末九月初为下时。……正月、二月，劳而锄之。三月、四月，锋而更锄（锄麦倍收，皮薄面多；而锋、劳、锄各得再遍为良也）。"

本篇引《氾胜之书》："当种麦，若天旱无雨泽，则薄渍麦种以酢浆并蚕矢；夜半渍，向晨速投之，令与白露俱下。酢浆令麦耐旱，蚕矢令麦忍寒。"又："冬雨雪止，以物辄蔺麦上，掩其雪，勿令从风飞去。后雪，得如此。则麦耐旱，多实。""晶莹"，指冬雪。贾氏家乡有谚曰："白露早，寒露迟，秋分种麦正适宜。"

⑤尾联。《要术》引《氾胜之书》"区种麦法"，言可多获："至五月收，区一亩，得百石以上，十亩得千石以上。"

水稻第十一① 下平五歌

稻名各异品遂多，溪上清流岁易坡。②

熟地择时淘掷子，高苗芟草水婆娑。③

高原北土何能尔？荒尽截流巧傍河。④

霜获篅藏须日曝，食候夜露对舂歌。⑤

【注释】

①题解。此篇详细记述了种稻的时令，水稻田的整治，水稻的田间管理、收获及稻种储藏，舂稻注意事项等内容。

②首联。贾氏记述了当时已知的 30 余种名称各异的水稻品种。关于种稻地宜，《要术》强调："稻，无所缘，唯岁易为良。选地欲近上流（地无良薄，水清则稻美也）。"

③颔联。关于种稻的时宜、治田与催芽处理技术，《要术》载："三月种者为上时，四月上旬为中时，中旬为下时。先放水，十日后，曳陆轴十遍（遍数唯多为良）。地既熟，净淘种子（浮者不去，秋则生稗），渍经三宿，漉出，内草篅（chuán，一种盛谷物的圆形容器）中裛（yì，缠绕）之。复经三宿，芽生，长二分，一亩三升掷。"

又载："稻苗长七八寸，陈草复起，以镰侵水芟之，草悉脓死。稻苗渐长，复须薅（拔草曰薅）。薅讫，决去水，曝根令坚。量时水旱而溉之。将熟，又去水。""高苗"，即言"稻苗长七八寸"。"水婆娑"，指田中存水，便于芟后之草腐烂，而旱时再溉，基本保持田中有水。

④颈联。写如何在旱地种稻。《要术》载："北土高原，本无陂泽。随逐隈（wēi，山、水等弯曲的地方，此处指溪流弯曲之地）曲而田者，二月，冰解地干，烧而耕之，仍即下水。十日，块既散液，持木斫平之。纳种如前法。既生七八寸，拔而栽之（既非岁易，草稗俱生，芟亦不死，故须栽而薅之）。溉灌，收刈，一如前法。"

⑤尾联。写稻的收藏与舂米。《要术》载："霜降获之（早刈米青而不坚，晚刈零落而损收）。"

又载："藏稻必须用篅（此既水谷，窖埋得地气则烂败也）。若欲久居者，亦如劁麦法。春稻，必须冬时积日燥曝，一夜置霜露中，即春（若冬春不干，即米青赤脉起。不经霜，不燥曝，则米碎矣）。"

旱稻第十二^①　上平四支

下田旱稻最合宜，轻渍逐犁勿穞迟。^②

强土未生逢旱履，避湿复入待苗滋。^③

寸三除秽常锄速，盈尺锋来莫厌疲。^④

若概移栽须浅散，草高已过任迁时。^⑤

【注释】

①题解。此篇介绍了旱稻的土地整治，播种时令、方法，田间管理技术，以及高地种旱稻的注意事项等内容。

②首联。写旱稻的地宜与种法。《要术》载："旱稻用下田，白土胜黑土（非言下田胜高原，但夏停水者，不得禾、豆、麦，稻田种，虽涝亦收，所谓彼此俱获，不失地利故也。下田种者，用功多；高原种者，与禾同等也）。""凡种下田，不问秋夏，候水尽，地白背时，速耕，耙、劳频烦令熟（过燥则坚，遇雨则泥，所以宜速耕也）。"

又载："渍种如法，裛令开口。耧耩穞种之（穞种者省种而生科，又胜掷者），即再遍劳（若岁寒早种——虑时晚——即不渍种，恐芽焦也）。""轻渍"，指种子浸水促芽。"勿穞迟"，即穞勿迟，指耧耩下种后以土掩盖种子。

③颔联。写旱稻的苗前与苗后管理。《要术》载："其土黑坚强之地，种未生前遇旱者，欲得令牛羊及人履践之；湿则不用一迹入地。稻既生，犹欲令人践垄背（践者茂而多实也）。""避湿"，即《要术》所言"湿则不用一迹入地"。

④颈联。写旱稻的田间管理。《要术》载："苗长三寸，耙、劳而锄之。锄唯欲速（稻苗性弱，不能扇草，故宜数锄之）。每经一雨，辄欲耙、劳。苗高尺许则锋。""锋"，一种小型农具，此处用作动词。

⑤尾联。写旱稻的移栽。《要术》载："科大，如概者，五六月中霖雨时，拔而栽之〔栽法欲浅，令其根须四散，则滋茂；深而直下者，聚而不科。其苗长者，亦可挼（liè，拗折，折断）去叶端数寸，勿伤其心也〕。入七月，不复任栽（七月百草成，时晚故也）。""概"，密植，指旱稻栽种密度大。

胡麻第十三①　　上平十一真

芝麻本是外来宾，油饭均宜治却辛。②

切忌莅重迟月半，相违必悔又无神。③

雨息漫种须空耢，耧耩和沙最可身。④

收束一丛斜倚杖，湿积虽郁也成仁。⑤

【注释】

①题解。此篇介绍了胡麻的播种时令与方法。胡麻即芝麻，古时又称"脂麻"。

②首联。主要介绍胡麻的来历。《要术》引《汉书》载："张骞外国得胡麻。今俗人呼为'乌麻'者，非也。"又："今世有白胡麻、八棱胡麻。白者油多，人可以为饭，惟治脱之烦也。"

③颔联。介绍芝麻地、时之宜，《要术》载："胡麻宜白地种。二、三月为上时，四月上旬为中时，五月上旬为下时（月半前种者，实多而成；月半后种者，少子而多秕也）。""白地"，指同一种作物有段时间没有种过的非连作地。"迟月半"，指迟于合适月的上半月种芝麻，也即下半月种。"又无神"，即《要术》所指"月半后种者，少子而多秕也"。

④颈联。介绍芝麻种植方法，分漫种（随手抛撒种子）和耧耩两种形式。《要术》载："种欲截雨脚（若不缘湿，融而不生）。一亩用子二升。漫种者，先以耧耩，然后散子，空曳劳（劳上加人，则土厚不生）。耧耩者，炒沙令燥，中半和之（不和沙，下不均。垄种若荒，得用锋、耩）。"

⑤尾联。介绍芝麻的收获技术。《要术》载："刈束欲小（束大则难燥；打，手复不胜）。以五六束为一丛，斜倚之（不尔，则风吹倒，损收也）。候口开，乘车诣田斗薮（倒竖，以小杖微打之）；还丛之。三日一打。四五遍乃尽耳（若乘湿横积，蒸热速干，虽曰郁裛，无风吹亏损之虑。裛者，不中为种子，然于油无损也）。"

种瓜第十四^①　下平七阳

茄子附

瓜别果菜各优长，选种宜从母子央。^②

田美地良时令正，淘纯盐渍豆同藏。^③

营区润瓮肥泽厚，繁蔓熟锄浪花殇。^④

虫蚁尽除摘必慎，叶霜定报满庭芳。^⑤

【注释】

①石声汉先生认为，蔬菜园艺是我国农业生产史上最光辉伟大的成就之一。我国蔬菜栽培历史悠久，种类丰富，品质也很优良。重视蔬菜栽培，是我国农业生产的一大特点。此篇是贾氏介绍蔬菜栽培方法的典型，详细记述了选取、收藏瓜子，种瓜适宜的土壤和时令，病虫害防治，瓜田布置，摘瓜和保护瓜蔓，以及越瓜、黄瓜、冬瓜、茄子的栽种、管理、收获等技术方法。《要术》此篇文长，译诗限于格律特点，仅择其要者而译，未及者可参阅《要术》原著。

②首联。写如何选取瓜种，《要术》指出要选取"本母子瓜"的"中央子"，充分证明了贾氏观察细致、严谨科学、"验之行事"的创作态度。

《要术》"收瓜子法"载："常岁岁先取'本母子瓜'，截去两头，止取中央子（'本母子'者，瓜生数叶，便结子；子复早熟。用中辈瓜子者，蔓长二三尺，然后结子。用后辈子者，蔓长足，然后结子；子亦晚熟。种早子，熟速而瓜小；种晚子，熟迟而瓜大。去两头者：近蒂子，瓜曲而细；近头子，瓜短而喝）。"

又载："又收瓜子法：食瓜时，美者收取，即以细糠拌之，日曝向燥，挼而簸之，净而且速也。"

③颔联。介绍种瓜的地、时之宜及种法。《要术》载："良田，小豆底佳，黍底次之。刈讫即耕。频烦转之。二月上旬种者为上时，三月上旬为中时，四月上旬为下时。五月、六月上旬，可种藏瓜。"

又载："凡种法：先以水净淘瓜子，以盐和之（盐和则不笼死）。先卧锄耧却燥土（不耧者，坑虽深大，常杂燥土，故瓜不生），然后掊坑，大如斗口。纳瓜子四枚、大豆三个于堆旁向阳中（谚曰：‘种瓜黄台头’）。瓜生数叶，掐去豆（瓜性弱，苗不独生，故须大豆为之起土。瓜生不去豆，则豆反扇瓜，不得滋茂。但豆断汁出，更成良润；勿拔之，拔之则土虚燥也）。”

④颈联。重点介绍区种法和田间管理技术。《要术》此篇记载了两种区种法：一是贾氏自己实践经验的总结，二是《氾胜之书》中记载的区种法。贾氏区种法载：“六月雨后种菉豆，八月中犁稀杀之；十月又一转，即十月中种瓜。率两步为一区，坑大如盆口，深五寸。以土壅其畔，如菜畦形。坑底必令平正，以足踏之，令其保泽。以瓜子、大豆各十枚，遍布坑中（瓜子、大豆，两物为双，藉其起土故也）。以粪五升覆之（亦令均平）。又以土一斗，薄散粪上，复以足微蹑之。冬月大雪时，速并力推雪于坑上为大堆。至春草生，瓜亦生，茎叶肥茂，异于常者。且常有润泽，旱亦无害。”

氾胜之（瓮法）区种法：“一亩为二十四科。区方圆三尺，深五寸。一科用一石粪。粪与土合和，令相半。以三斗瓦瓮埋着科中央，令瓮口上与地平。盛水瓮中，令满。种瓜，瓮四面各一子。以瓦盖瓮口。水或减，辄增，常令水满。种常以冬至后九十日、百日，得戊辰日种之。又种薤十根，令周回瓮，居瓜子外。至五月瓜熟，薤可拔卖之，与瓜相避。又可种小豆于瓜中，亩四五升，其藿可卖。”

对于瓜的中期管理，《要术》载：“瓜生，比至初花，必须三四遍熟锄，勿令有草生。草生，胁瓜无子。锄法：皆起禾茇，令直竖。其瓜蔓本底，皆令土下四厢高，微雨时，得停水。瓜引蔓，皆沿茇上。茇多则瓜多，茇少则瓜少。茇多则蔓广，蔓广则歧多，歧多则饶子。其瓜会是歧头而生；无歧而花者，皆是浪花，终无瓜矣。故令蔓生在茇上，瓜悬在下。”又：“多锄则饶子，不锄则无实（五谷、蔬菜、果蓏之属，皆如此也）。”“营区润瓮”，指贾氏区种法和氾胜之的瓮法区种法；“繁蔓”，指让瓜藤多分歧枝；“熟锄”，指多锄、勤锄；“殇”，指去掉藤蔓上的浪花（即雄花，贾氏家乡人谓之“谎花”，不结果之花）。

⑤尾联。介绍瓜的防虫害与摘瓜法。《要术》载：“治瓜笼法：旦起，露未解，以杖举瓜蔓，散灰于根下。后一两日，复以土培其根。则迥无虫矣。”“有蚁者，以牛羊骨带髓者，置瓜科左右，待蚁附，将弃之。弃二三，则无蚁矣。”

“摘瓜法”载：“在步道上引手而取，勿听浪人踏瓜蔓，及翻覆之（踏则茎破，翻则成细，皆令瓜不茂而蔓早死）。”同时还强调：“凡瓜所以早烂者，皆由脚蹑及摘时不慎，翻动其蔓故也。若以理慎护，及至霜下叶干，子乃尽矣（但依此法，则不必别种早、晚及中三辈之瓜）。”

种瓠第十五^①　　上平一东

瓠瓜多用古今同，食饲瓢烛各有功。^②

区种良田着矢土，便从水润展茏葱。^③

果三断蔓绝亲地，茎十遗孤有美隆。^④

精育巧为堪尽用，轻霜过后少贫穷。^⑤

【注释】

①题解。此篇引介了氾氏区种瓠的方法，瓠的收获、用途，以及提高瓠实品质的办法和其经济价值。

②首联。介绍瓠的多种用途。《要术》引《氾胜之书》载："度可作瓢，以手摩其实，从蒂至底，去其毛——不复长，且厚。八月微霜下，收取。……破以为瓢。其中白肤，以养猪致肥；其瓣，以作烛致明。"又引崔寔语："瓠中白肤实，以养猪致肥；其瓣则作烛致明。"除了食用，本篇记载了"作瓢""养猪""作烛"等瓠的多种用途。"瓣"，指瓠之种子。

③颔联。瓠性喜水、肥。《要术》引《氾胜之书》"区种瓠法"载："以三月耕良田十亩。作区，方、深一尺。以杵筑之，令可居泽。相去一步。区种四实。蚕矢一斗，与土粪合。浇之，水二升；所干处，复浇之。"区种法是古代精耕细作技术提高单位面积产量的一种重要农业技术，首记于西汉时的《氾胜之书》。

④颈联。写瓠的种植管理技术。《要术》引《氾胜之书》载："着三实，以马箠（chuí，马鞭）殻（què，鞭打）其心，勿令蔓延——多实，实细。以藁荐其下，无令亲土多疮瘢。""果三断蔓"，指在瓠藤结三个瓠瓜时进行生长限制管理，不让瓠藤再继续生长，即《要术》所谓"着三实，以马箠殻其心，勿令蔓延"。

又引《氾胜之书》载："下瓠子十颗……既生，长二尺余，便总聚十茎一处，以布缠之五寸许，复用泥泥之。不过数日，缠处便合为一茎。留强者，余悉掐去。引蔓结子。子外之条，亦掐去之，勿令蔓延。""遗孤"，指从种下的十株合为一茎的瓠苗中择优，只留下一株最强壮的瓠苗；"孤"，单、一也。

⑤尾联。主要谈种瓠的经济价值，《要术》引《氾胜之书》载："八月微霜下，收取。"又引载："一本三实，一区十二实，一亩得二千八百八十实。十亩凡得五

万七千六百瓢。瓢直十钱，并直五十七万六千文。用蚕矢二百石，牛耕、功力，直二万六千文。余有五十五万。肥猪、明烛，利在其外。"

种芋第十六① 下平五歌

芋类名繁蜀汉多，救饥度馑未逊禾。②

区萁和粪泽常润，散叶擎天盖若荷。③

最喜地良亲水脉，不辞肥美伴锄歌。④

饲食蒩饭全无厌，何待凶来悔泪沱。⑤

【注释】

①题解。此篇介绍了芋的种类、种植方法及田间管理，特别强调芋可以救荒，体现了贾氏的忧患意识（荒政思想）。

②首联。《要术》引《广志》载："蜀汉既繁芋，民以为资。凡十四等。"又引《列仙传》："酒客为梁，使烝民益种芋：'三年当大饥！'卒如其言，梁民不死。"贾氏自注："芋可以救饥馑，度凶年。今中国多不以此为意，后至有耳目所不闻见者。及水、旱、风、虫、霜、雹之灾，便能饿死满道，白骨交横。知而不种，坐致泯灭，悲夫！人君者，安可不督课之哉？"

③颔联。写芋的种植技术。《要术》引《氾胜之书》载："种芋，区方、深皆三尺。取豆萁内区中，足践之，厚尺五寸。取区上湿土与粪和之，内区中萁上，令厚尺二寸；以水浇之，足践令保泽。取五芋子置四角及中央，足践之。旱，数浇之。萁烂。芋生，子皆长三尺，一区收三石。"引《广志》载："有谈善芋，魁大如瓶，少子；叶如散盖，绀色；紫茎，长丈余；易熟，长味，芋之最善者也。"

④颈联。写芋的田间管理技术。《要术》引《氾胜之书》载："宜择肥缓土近水处，和柔，粪之。……旱则浇之。有草锄之，不厌数多。治芋如此，其收常倍。"

⑤尾联。写芋的食用与经济效益。《要术》引《广志》载："（谈善芋）长丈余；易熟，长味，芋之最善者也；茎可作羹臛，肥涩，得饮乃下。……有百果芋，魁大，子繁多，亩收百斛；种以百亩，以养彘。"又引崔寔语："正月，可菹芋。"

齊民要術卷第三

後魏高陽太守賈

思勰撰

《齐民要术》卷三篇目书影（《四部丛刊》本）

种葵第十七① 下平一先

诸蔬葵列第一篇，百菜之王岂谬传？②

良地故墟肥水重，任君采种有三迁。③

治畦必当什工细，下子无湿翠叶妍。④

州邑市旁多谋划，食贾两便胜禾田。⑤

【注释】

①题解。此篇为第三卷（主要记述蔬菜类的种植技术）首篇，可作为蔬菜种植（古代设施园艺）的总论。本篇主要从治地、下种、施基肥、浇灌、锄治、追肥、收菜、加工等方面介绍了葵的栽培技术，以及种葵的经济效益，是贾氏介绍蔬菜栽培方法时选择的又一典型。贾思勰的家乡寿光是冬暖式蔬菜大棚的发祥地，以蔬菜生产知名。寿光独根红韭菜、浮桥萝卜、桂河芹菜等一大批农产品入选国家地理标志产品，"三品一标"农产品认证达到了390个，自主研发并获得植物新品种保护的蔬菜品种达到205个、占全省1/2左右，种苗年繁育能力达到18亿株、占全省1/4左右。建成了全国蔬菜质量标准中心，发布了"中国·寿光蔬菜指数"和《"寿光蔬菜"区域公用品牌使用管理办法》，成为粤港澳大湾区"菜篮子"产品潍坊配送分中心。1995年，寿光市被国务院命名为"中国蔬菜之乡"。2023年，"寿光蔬菜"入选改革开放以来"潍坊十大文化符号"。

②首联。贾氏将"种葵"列为卷三第一篇，可见葵在古代，特别是魏晋以来的蔬菜种植中占有绝对突出的地位，是当时的"蔬菜之王"。

③颔联。写葵的地宜与采收技术。《要术》载："地不厌良，故墟弥善；薄即粪之，不宜妄种。""每一掐，辄耙耧地令起，下水加粪。三掐更种。一岁之中，凡得三辈。"葵，喜良地而重肥水，可一种而采叶三次，即《要术》所谓"三掐"。"三迁"，指葵一年可种三茬，即《要术》所谓"一岁之中，凡得三辈"。

④颈联。写葵的种植与田间管理技术。《要术》载："临种时，必燥曝葵子（葵子虽经岁不浥，然湿种者，疥而不肥也）。""春必畦种水浇（春多风旱，非畦不得。且畦者地省而菜多，一畦供一口）。畦长两步，广一步（大则水难均，又不用人足入）。深掘，以熟粪对半和土覆其上，令厚一寸，铁齿耙耧之，令熟，足踏

使坚平；下水，令彻泽。水尽，下葵子，又以熟粪和土覆其上，令厚一寸余。"
"下子无湿"，即《要术》所谓"临种时，必燥曝葵子"。

⑤尾联。写种葵的经济效益。《要术》在"冬种葵法"中载："近州郡都邑有
市之处，负郭良田三十亩，九月收菜后即耕，至十月半，令得三遍。……春暖草
生，葵亦俱生。三月初，叶大如钱，逐概处拔大者卖之（十手拔，乃禁取。儿女
子七岁以上，皆得充事也）。一升葵，还得一升米。日日常拔，看稀稠得所乃止。
有草拔却，不得用锄。一亩得葵三载，合收米九十车。车准二十斛，为米一千八
百石。自四月八日以后，日日剪卖。……比及剪遍，初者还复，周而复始，日日无
穷。至八月社日止，留作秋菜。九月，指地卖，两亩得绢一匹。收讫，即急耕，依
去年法，胜作十顷谷田。止须一乘车牛专供此园（耕、劳、輂粪、卖菜，终岁
不闲）。"

33

蔓菁第十八①　　下平七阳

菘、芦菔附出

蔓菁食饲美名扬，饥馑凶年保命粮。②

熟地良田多近市，除湿新粪忌锄伤。③

取根采叶随君意，收子回银获利强。④

白菜萝卜依法种，天灾人祸必无殃。⑤

【注释】

①题解。此篇强调了蔓菁（芜菁）栽种的地宜、时宜和方法，详细介绍了芜菁叶和根的收获，及加工、保存办法。

②首联。写蔓菁的多种用途。《要术》载："其叶作菹者，料理如常法。……春夏畦种供食者，与畦葵法同。剪讫更种，从春至秋得三辈，常供好菹。""收根依畊法，一顷收二百载。二十载得一婢（细剉和茎饲牛羊，全掷乞猪，并得充肥，亚于大豆耳）。"

又载："是故汉桓帝诏曰：'横水为灾，五谷不登，令所伤郡国，皆种芜菁，以助民食。'然此可以度凶年，救饥馑。干而蒸食，既甜且美，自可藉口，何必饥馑（若值凶年，一顷乃活百人耳）？"

③颔联。写芜菁的地宜与田间管理。《要术》载："种不求多，唯须良地，故墟新粪坏墙垣乃佳。""种不用湿（湿则地坚叶焦）。既生不锄。"

④颈联。写种芜菁的综合经济效益。《要术》载："七月初种之。……九月末收叶（晚收则黄落），仍留根取子。""一顷收子二百石，输与压油家，三量成米，此为收粟米六百石，亦胜谷田十顷。""取子者，以草覆之，不覆则冻死。秋中卖银，十亩得钱一万。"另据，贾氏家乡有谚曰："头伏萝卜，末伏菜。""立秋下（苗），初暑栽，到了小雪收白菜。"

⑤尾联。简写白菜（菘）、萝卜（芦菔）的种法同芜菁。《要术》载："种菘、芦菔法，与芜菁同。"

种蒜第十九① 上平一东

泽蒜附出

史传蒜本子文功，西域凿空后世崇。②

逐垄从耧锄必当，采薹辫挂木悬风。③

禾秸布地驱寒冽，天蒜殖之复壮雄。④

土异物同别亦大，若非亲见莫言聪。⑤

【注释】

①题解。此篇介绍了蒜的种法、田间管理及其收获、储藏方法。特别介绍了风土条件在农业生产中的重要性和用条中子繁殖大蒜等贾氏自己的农业实践经验，体现出贾氏为提高农作物产量和品质技术所作的努力，切实践行了其自序中"验之行事"的原则。

②首联。写大蒜的来历，肯定张骞出使西域的历史功绩。《要术》引东汉王逸观点："张骞周流绝域，始得大蒜、葡萄、苜蓿。"张骞，字子文，受汉武帝之命先后两次出使西域，打通了中国与中亚、西亚、南亚以至通往欧洲的陆路交通。司马迁称赞张骞出使西域为"凿空"，即"开通大道"。张骞被誉为"丝绸之路的开拓者""第一个睁开眼睛看世界的中国人"。

③颔联。写大蒜的种植与储藏。《要术》载："蒜宜良软地（白软地，蒜甜美而科大；黑软次之。刚强之地，辛辣而瘦小也）。三遍熟耕。九月初种。种法：黄墒时，以耧耩，逐垄手下之。五寸一株（谚曰：'左右通锄，一万余株'）。空曳劳。二月半锄之，令满三遍（勿以无草则不锄，不锄则科小）。条拳而轧之（不轧则独科）。叶黄，锋出，则辫，于屋下风凉之处桁（héng，屋梁或门窗上的横木，今称檩子、桁条）之（早出者，皮赤科坚，可以远行；晚则皮皴而喜碎）。"

④颈联。写大蒜防寒与大蒜条中子（天蒜）的种植。"天蒜"，蒜薹上所生的气生鳞茎，即《要术》所称"条中子"。《要术》载："冬寒，取谷䅰得（nè，谷物的秸秆）布地，一行蒜，一行䅰得（不尔则冻死）。""收条中子种者，一年为独瓣；种二年者，则成大蒜，科皆如拳，又逾于凡蒜矣。""复壮雄"，指种条中子者"一年

35

为独瓣；种二年者，则成大蒜，科皆如拳"。

　　⑤尾联。写土地之异对植物生长的影响。《要术》载贾氏亲眼所见："今并州无大蒜，朝歌取种，一岁之后，还成百子蒜矣，其瓣粗细，正与条中子同。芜菁根，其大如碗口，虽种他州子，一年亦变大。蒜瓣变小，芜菁根变大，二事相反，其理难推。又八月中方得熟，九月中始刈得花子。至于五谷、蔬、果，与余州早晚不殊，亦一异也。并州豌豆，度井陉以东，山东谷子，入壶关、上党，苗而无实。皆余目所亲见，非信传疑：盖土地之异者也。"

种薤第二十^①　下平一先

薤同葱属喜良田，一本七八更尽妍。^②

萌叶即锄锋勿怠，留根或啖计别然。^③

叶青茎满堪为种，根燥枯除必少愆。^④

我劝诸君还记取，业须勤奋志求坚。

【注释】

①题解。此篇介绍了薤［xiè，又名藠（jiào）头］的栽种、田间管理、收获及增产的方法。

②首联。写薤的地宜与种植标准。《要术》载："薤宜白软良地，三转乃佳。……率七八支为一本（谚曰：'葱三薤四。'移葱者，三支为一本；种薤者，四支为一科。然支多者，科圆大，故以七八为率）。"

③颔联。写薤的田间管理与食用。《要术》载："叶生即锄，锄不厌数（薤性多秽，荒则羸恶）。五月锋，八月初耩（不耩则白短）。叶不用剪（剪则损白。供常食者，别种）。九月、十月出，卖（经久不任也）。拟种子，至春地释，出，即曝之。"

④颈联。写薤的留种与种植管理。"愆"，过失，错误。《要术》载："薤子，三月叶青便出之（未青而出者，肉未满，令薤瘦）。"即译诗"叶青茎满"。

又载："燥曝，挼去茇余，切却强根（留强根而湿者，即瘦细不得肥也）。先重楼耩地，垄燥，掊而种之（垄燥则薤肥，楼重则白长）。""挼"（ruó），揉搓；"强根"，即干死的茎踵和须根，也即枯根。故译诗言"根燥枯除"。

种葱第二十一^①　　下平八庚

农家食佐惯常征，味辣心仁未少情。^②

菽地罨肥和谷下，春来锄理求齐平。^③

剪须避热候晨起，收必临秋待茎盈。^④

套种芫荽堪任取，粗茶淡饭胜琼英。^⑤

【注释】

①题解。此篇介绍了收葱种子的注意事项，葱的种植准备、播种方法、田间管理，以及套种芫荽的方法。

②首联。意在说明葱是家庭餐饮中常用的佐料食材，辛味虽重却常常为人所喜。

③颔联。写葱的种植与剪采等田间管理技术。《要术》载："其拟种之地，必须春种绿豆，五月罨杀之。比至七月，耕数遍。……炒谷拌和之（葱子性涩，不以谷和，下不均调；不炒谷，则草秽生）。""罨"，指把地面的东西翻下去，此处指把先种的绿豆苗翻到地下作绿肥用。

又载："七月纳种。至四月始锄。锄遍乃剪。剪与地平（高留则无叶，深剪则伤根）。剪欲旦起，避热时。良地三剪，薄地再剪，八月止（不剪则不茂，剪过则根跳。若八月不止，则葱无袍而损白）。"

④颈联。联意参见颔联注释引文。八月为秋天，故译诗云"收必临秋待茎盈"。另，贾氏家乡寿光有谚"立冬刨葱"，盖与北魏时秋令相当。

⑤尾联。写在葱中套种芫荽。《要术》载："葱中亦种胡荽，寻手供食；乃至孟冬为菹，亦无妨。""胡荽"，即芫荽。

种韭第二十二^①　下平六麻

药食一体韭堪嘉，随剪遂生未有差。^②

煮籽待萌方可用，治畦宜邃便无瑕。^③

水肥无厌常滋地，莠草频生数去芽。^④

尔若师之终有获，算他风雨也穷涯。

【注释】

①题解。此篇介绍了韭菜种子的检验、韭菜的田间管理和剪采等内容。

②首联。写韭菜的价值与特点。《要术》载："韭高三寸便剪之。剪如葱法。一岁之中，不过五剪（每剪，耙楼、下水、加粪，悉如初）。"

③颔联。写辨别韭菜种子的方法与种韭的治地要求。《要术》载："收韭子，如葱子法（若市上买韭子，宜试之：以铜铛盛水，于火上微煮韭子，须臾芽生者好；芽不生者，是裹郁矣）。治畦，下水，粪覆，悉与葵同。然畦欲极深（韭，一剪一加粪，又根性上跳，故须深也）。"韭菜籽的检验方法非常巧妙，特别是"微煮""须臾"的技术要求极为精确，也反映出贾氏观察细微、治学严谨的态度。

④颈联。写韭的田间管理。可参阅首联注释引文；又见《要术》载："薅令常净（韭性多莠，数拔为良）。"

种蜀芥、芸薹、芥子第二十三^① 下平一先

芥薹采叶务求鲜，菹用干食任尔权。^②

熟地肥多泽必善，旱田畦当水常涟。^③

种之无异芜菁法，防冻全凭枯草扇。^④

物性有别何所怪，人间岂又尽忠贤？

【注释】

①题解。此篇介绍了三种食叶蔬菜的播种季节、土质要求、种子用量、田间管理等内容。

②首联。写蜀芥、芸薹、芥子三种蔬菜的食用方法，有采叶和菹用两种方式。食叶蔬菜以鲜为上，《要术》强调："十月收芜菁讫时，收蜀芥（中为咸淡二菹，亦任为干菜）。芸薹，足霜乃收（不足霜即涩）。"

③颔联。写三种蔬菜的地宜、喜肥水特点以及防寒处理技术。《要术》载："地欲粪熟。蜀芥一亩，用子一升；芸薹一亩，用子四升。种法与芜菁同。"又载："种芥子，及蜀芥、芸薹收子者，皆二三月好雨泽时种（三物性不耐寒，经冬则死，故须春种）。旱则畦种水浇。五月熟而收子（芸薹冬天草覆，亦得取子；又得生茹供食）。"

④颈联。参阅颔联注释引文。虽引文同，但信息量非常大，涉及种植与管理方法的多个方面，为节约篇幅故不复录，可参阅《要术》原著。

种胡荽第二十四① 上平六鱼

胡荽本是外来蔬，香菜之名未有虚。②

近市良田虽为美，荫中闲地亦堪居。③

燥蹉沃育宜三种，拣采食贾便任除。④

收子制菹兼获利，家家丰稔笑眉舒。⑤

【注释】

①题解。此篇介绍了胡荽（芫荽）的种植时令、种子用量、催芽技术、收获、储藏、食用方法和经济价值等内容。

②首联。写芫荽的来历与特点。研究认为，古代作物中，凡带"胡"字者，多为西域引进作物，故言"外来蔬"。"外来"只是相对中原地区而言。

③颔联。写芫荽种植的地宜。芫荽适宜种植在良田，但亦不惟此，《要术》载："胡荽宜黑软、青沙良地，三遍熟耕（树阴下，得；禾豆处，亦得）。"

④颈联。写芫荽的种植方法与收获后的处理。《要术》载："近市负郭田，一亩用子二升，故概种，渐锄取，卖供生菜也。""三种"，种（zhòng），种植，《要术》载有"春种者""六七月种""秋种者"三个不同季节的种植方法。

又载芫荽种子的处理技术："先燥晒，欲种时，布子于坚地，一升子与一掬湿土和之，以脚蹉令破作两段（多种者，以砖瓦蹉之亦得，以木砻砻之亦得。子有两人，人各着，故不破两段，则疏密水裹而不生。着土者，令土入壳中，则生疾而长速。种时欲燥，此菜非雨不生，所以不求湿下也）。于旦暮润时，以楼耩作垄，以手散子，即劳令平（春雨难期，必须藉泽，蹉跎失机，则不得矣。地正月中冻解者，时节既早，虽浸，芽不生，但燥种之，不须浸子。地若二月始解者，岁月稍晚，恐泽少，不时生，失岁计矣；便于暖处笼盛胡荽子，一日三度以水沃之，二三日则芽生，于旦暮时接润漫掷之，数日悉出矣。大体与种麻法相似。假令十日、二十日未出者，亦勿怪之，寻自当出。有草，乃令拔之）。"又强调"凡种菜，子难生者，皆水沃令芽生，无不即生矣。""沃"，水浸菜籽生芽也。

又载芫荽的用途："菜生三二寸，锄去概者，供食及卖。十月足霜，乃收之。"

"生高数寸，锄去概者，供食及卖。"

⑤尾联。写芜菁的留种与经济价值。《要术》载："取子者，仍留根，间拔令稀（概即不生），以草覆上（覆者得供生食，又不冻死）。"

关于种植芜菁的经济价值，《要术》载："一亩收十石，都邑枭卖，石堪一匹绢。"又载："作菹者，十月足霜及收之。一亩两载，载直绢三匹。"其他菹法略，可参阅《要术》原著。

种兰香第二十五^①　　上平十四寒

兰香芳郁却非兰，茎叶堪食任佐餐。^②

新叶方生畦便溉，熟肥即撒粪宜摊。^③

日箔夜露非儿戏，水透苗生少泪弹。^④

菹菜干存皆味美，何须饎馔必登盘。^⑤

【注释】

①题解。此篇介绍了兰香栽种的时令和方法、田间管理以及收获、储藏方法。

②首联。兰香和胡荽一样，都属于蔬菜中的香菜。《要术》所载兰香并不是观赏花卉中的兰花，它的茎叶皆可食或调味用。

③颔联。写兰香种植的时宜与田间管理。《要术》载："三月中，候枣叶始生，乃种兰香（早种者，徒费子耳，天寒不生）。治畦下水，一同葵法。及水散子讫；水尽，筛熟粪，仅得盖子便止（厚则不生，弱苗故也）。""新叶方生"，是指在"候枣叶始生"这个时令才可种兰香。"粪宜摊"，指熟粪只要盖没兰香的种子即可；摊者，言其薄也。

④颈联。写兰香的特殊管理技术。《要术》载："昼日箔盖，夜即去之（昼日不用见日，夜须受露气）。生即去箔。常令足水。""水透苗生"参阅颔联注释引文。

⑤尾联。关于兰香用法，《要术》载："作菹及干者，九月收（晚即干恶）。作干者：大晴时，薄地刈取，布地曝之。干乃接取末，瓮中盛。须则取用（拔根悬者，裛烂，又有雀粪、尘土之患也）。取子者，十月收。"同时，贾氏还强调"自余杂香菜不列者，种法悉与此同"。说明其他香菜类的种法与兰香相同，可参考兰香的种法。

荏、蓼第二十六^①　下平八庚

白苏香蓼以芳名，采用别之待君行。^②

蓼喜水畦苏漫掷，油出苏子蓼随烹。^③

菹存苏蓼均堪任，籽获烛油却有争。^④

莫笑农家多计较，从来贫困败精明。^⑤

【注释】

①题解。此篇介绍了荏（白苏）、蓼的种植、田间管理、收获和用途，特别记述了它们的多种吃法。

②首联。荏、蓼都属香菜类。在古代，荏籽主要用于榨油；蓼多采叶制菹。

③颔联。写蓼的地宜、荏的收获与用途。《要术》载："荏，性甚易生。蓼，尤宜水畦种也。荏则随宜，园畔漫掷，便岁岁自生矣。"

又载："（荏）收子压取油，可以煮饼（荏油色绿可爱，其气香美，煮饼亚胡麻油，而胜麻子脂膏。麻子脂膏，并有腥气。然荏油不可为泽，焦人发。研为羹臛，美于麻子远矣。又可以为烛。良地十石，多种博谷则倍收，与诸田不同）。为帛煎油弥佳（荏油性淳，涂帛胜麻油）。蓼作菹者，长二寸则剪，绢袋盛，沉于酱瓮中。又长，更剪，常得嫩者（若待秋，子成而落，茎既坚硬，叶又枯燥也）。取子者，候实成，速收之（性易凋零，晚则落尽）。五月、六月中，蓼可为齑以食莼。"

④颈联。《要术》载："荏子秋未成，可收蓬于酱中藏之（蓬，荏角也；实成则恶）。"另，蓼的菹法，荏榨油、为烛及荏油与其他油的不同，可参阅颔联注释引文。

⑤尾联。今民间有谚曰："穿不穷，吃不穷，算计不到就受穷。"精打细算义也。贾氏家乡寿光也有谚曰："一天一根线，十年织匹绢；一天省一把，十年喂匹马。""丰年要当歉年过，碰上歉年不挨饿。"

种姜第二十七^①   下平七阳

药食俱美可推姜，性烈除湿最擅长。^②

熟地轻肥无厌善，重耧寻垄便成行。^③

数锄既防寒风冽，避暑还需苇棚凉。^④

窖贮杂穰经岁月，随君取用绽芬芳。^⑤

【注释】

①题解。此篇介绍了姜的种植和存放方法等。《要术》所引崔寔"封生姜"催芽法，是种姜在栽培前进行催芽处理的最早记载。

②首联。写姜的特点与用途。姜，味辛辣，在中国人的日常生活中是一种重要的药食同源食材。《要术》引《字林》载："姜，御湿之菜。"

③颔联。写姜的地宜与种植技术。《要术》载："姜宜白沙地，少与粪和。熟耕如麻地，不厌熟，纵横七遍尤善。三月种之。先重耧耩，寻垄下姜，一尺一科，令上土厚三寸。数锄之。""轻肥"，指姜"少与粪和"，不是不用肥；"无厌善"，指姜地不厌熟，耕的次数越多（《要术》载七遍）越利于姜的生长。

④颈联。写为姜防寒与防暑。《要术》载："六月作苇屋覆之（不耐寒热故也）。九月掘出，置屋中（中国多寒，宜作窖，以谷穑合埋之）。"

⑤尾联。写姜的存放方法，即颈联注释引文中的"九月掘出，置屋中（中国多寒，宜作窖，以谷穑合埋之）。"

种蘘荷、芹、蘴第二十八^①　下平八庚

菫、胡荽附出

蔬源草类胜其名，宴饮从来未少卿。^②

芹蘴畦根多溉水，蘘荷荫下懒锄耕。^③

水肥有异须分辨，茎叶相别必权衡。^④

收子取根循菜性，酱菹灶炒可随征。^⑤

【注释】

①题解。此篇介绍了蘘荷的种植技术及田间管理，芹、蘴的种法和用途，强调栽种的比野生的好。

②首联。蔬菜是日常生活中的重要食材，蔬菜多源于人们对自然界中草类植物的驯化，此联意在说明我们的祖先在驯化野生植物的实践中有着伟大成就。

③颔联。写三种蔬菜的不同地宜与田间管理要求。《要术》载："芹、蘴，并收根畦种之。常令足水。尤忌潘泔及咸水（浇之即死）。"

又载："蘘荷宜在树阴下。二月种之。一种永生，亦不须锄。微须加粪，以土覆其上。八月初，踏其苗令死（不踏则根不滋润）。"

④颈联。"水肥有异须分辨"参阅颔联注释引文，意在说明三物对水肥要求不一。

又载："九月中，取（蘘荷）旁生根为菹；亦可酱中藏之。""（芹、蘴）性并易繁茂，而甜脆胜野生者。"

⑤尾联。《要术》此篇还记载了菫及胡荽的收种方法，载："菫及胡荽，子熟时收子。收又，冬初畦种之。开春早得，美于野生。"从《要术》记载可知，蘘荷收取根，芹、蘴收取叶，菫与胡荽收取种子，菜性不同收获部分不同，食用方法又各异。由此可见，古人对植物的观察之细致，使用经验之丰富。

种苜蓿第二十九① 下平七阳

饲食双美苜蓿香，今已专宜供马粮。②

肥地畦植如韭法，旱田垄阔喜深藏。③

去枯待润常耕垄，复壮更新少瘦秧。④

三刈长生堪永逸，为羹生啖味尤芳。⑤

【注释】

①题解。此篇介绍了苜蓿的种法、田间管理及用途。贾氏是把苜蓿作为蔬菜收入《要术》的，如今苜蓿主要是作为饲料和绿肥。清光绪年间《寿光县乡土志·志物产》载有 26 种当时的蔬类作物，苜蓿仍是其中之一。这不仅说明苜蓿作为蔬菜在寿光种植历史悠久，更说明《要术》关于蔬菜种植的历史传统对寿光影响之深。

②首联。即题解所言。另，《要术》载："春初既中生啖，为羹甚香。长宜饲马，马尤嗜。"

③颔联。写苜蓿的地宜与种法。《要术》载："地宜良熟。七月种之。畦种水浇，一如韭法（亦一剪一上粪，铁耙耧土令起，然后下水）。旱种者，重楼耩地，使垄深阔，窍瓠下子，批契曳之。"

④颈联。写苜蓿的田间管理。《要术》载："每至正月，烧去枯叶。地液辄耕垄，以铁齿镉楱镉楱之，更以鲁斫斸其科土，则滋茂矣（不尔，瘦矣）。""复壮更新"，指用鲁斫刨锄苜蓿宿根外旁的土令其"滋茂"。

⑤尾联。写苜蓿的收获与食用。《要术》载："一年三刈。留子者，一刈则止。"又载："此物长生，种者一劳永逸。都邑负郭，所宜种之。"食用法可参阅首联注释引文，此略之。

杂说第三十^①　　下平一先

杂说且莫谓闲篇，本业之余乃续全。^②

四季轮回当有序，万般往复概相传。^③

精择经传明深义，慎补庸言论奥玄。^④

若有雄心行未止，何来愁困泪涟涟。

【注释】

①题解。此篇应是贾氏所书之《杂说》，异于卷前《杂说》。此篇一是依照《四民月令》比较完整地说明了农家一年的农业生产、家庭经营及生活大事安排，贾氏也插入了一些具体说明；二是对染制写书纸、看书、补书、防治书虫、谨慎藏书、晾书等都作了非常详细的叙述，表明了贾氏除官员外的另一身份——知识分子（文人）；三是对利用豆类种子中的皂素除污去垢、收储油衣、利用植物的灰汁作媒染剂等进行了介绍；四是论述了粮价与国计民生的关系，强调储粮的重要性，介绍了预测谷价贵贱的方法，指出"振赡穷乏，务施九族"，甚至提到教育，反映了贾氏心中理想的小农经济社会状况。

②首联。"本业"是指前面 29 篇所述的种植业（包括种植谷物与蔬菜类），此篇是对农家一年生活安排的综合介绍，有些内容是前 29 篇所未言及的，故有"续全"之语。

③颔联。《四民月令》所记一年各月的农事及经济、生活安排之事，年复一年，相继有序，往复不绝，即为贾氏时代一般农家之生活。

④颈联。意在说明贾氏综合了众多经典古籍来说明农家一年之经营，阐明其"农本"思想。作为地方官员，贾氏于此或许亦有谏言之义。另外，此篇中贾氏补入内容也较多，可参阅诗题解和《要术》原著。

柰林檎第三十九

種柿第四十

安石榴第四十一

種木瓜第四十二

種椒第四十三

種茱萸第四十四

園籬第三十一

凡作園籬法於牆基之所方整深耕凡耕作
三壠中間相去各二尺秋上酸棗熟時收於
壠中概種之至明年秋生高三尺許閒斸去

齊民要術卷第四

後魏高陽太守賈

《齐民要术》卷四篇目书影（《四部丛刊》本）

园篱第三十一^①　　下平一先

卷四园篱启首篇，诗经早见古人贤。^②

农家从未辞勤力，方有粮帛保命全。

休厌老夫愚可笑，宜候小圃景开妍。

篱成圃就还多用，掠美除烦憩落鸢。^③

【注释】

①题解。此篇介绍了栽树制作园篱技术，涉及树种有酸枣树、柳树、榆树。并对可制园篱树种的栽种方法和编结园篱之法作了技术介绍。贾氏对园篱功效、艺术效果的描述，足以证明我国精妙的园艺艺术历史之悠久。

②首联。意在说明自此篇始已进入《要术》第四卷，而《诗经·齐风·东方未明》中早已有"折柳樊圃"的记载，说明我国园艺技术的历史悠久。

③尾联。介绍了制作园篱的方法、园篱高度、艺术性及其功效。《要术》此篇载："于墙基之所，方整深耕。凡耕，作三垄，中间相去各二尺。秋上酸枣熟时，收，于垄中概种之。"经过不断的"剶去横枝"，三年"即编为巴篱，随宜夹縛，务使舒缓（急则不复得长故也）"。"高七尺便足。""数年成长，共相蹙迫，交柯错叶，特似房笼。既图龙蛇之形，复写鸟兽之状，缘势嶔崎，其貌非一。"篱笆做成后，"非直奸人惭笑而返，狐狼亦自息望而回。行人见者，莫不嗟叹，不觉白日西移，遂忘前途尚远，盘桓瞻瞩，久而不能去"。

又载："若值巧人，随便采用，则无事不成；尤宜作机。其盘纡茀郁，奇文互起，萦布锦绣，万变不穷。"

栽树第三十二^①　下平八庚

树木十年渐长成，机关算尽在初营。^②

坑深水沃泥当土，树撼泥亲根始萌。^③

覆土常留三寸短，溉湿不弃每回盈。^④

若逢五果花方艳，煴火除霜莫晚行。^⑤

【注释】

①题解。此篇记述了树的栽种和培育中需注意的各种事项，介绍了扦插、压条等果树繁殖方法，在果园里熏烟防霜的方法，与现代技术措施非常相似，这些经验除了果树，也可以用于其他一些农作物。本篇可视作《要术》关于林木种植管理的总论。

②首联。意在说明种树之初很关键。《要术》载："凡栽一切树木，欲记其阴阳，不令转易（阴阳易位则难生。小小栽者，不烦记也）。大树髡之（不髡，风摇则死），小则不髡。"又引《淮南子》载："夫移树者，失其阴阳之性，则莫不枯槁。"

③颔联。写栽树的具体技术。《要术》载："先为深坑，内树讫，以水沃之，着土令如薄泥，东西南北摇之良久（摇则泥入根间，无不活者；不摇，根虚多死。其小树，则不烦尔），然后下土坚筑（近上三寸不筑，取其柔润也）。时时溉灌，常令润泽（每浇水尽，即以燥土覆之，覆则保泽，不然则干涸）。埋之欲深，勿令挠动。"同时，强调："树，大率种数既多，不可一一备举，凡不见者，栽莳之法，皆求之此条。"

④颈联。参阅颔联注释引文。

⑤尾联。写防霜保花技术。《要术》载："凡五果，花盛时遭霜，则无子。常预于园中，往往贮恶草生粪。天雨新晴，北风寒切，是夜必霜，此时放火作煴，少得烟气，则免于霜矣。"

种枣第三十三^①　上平一东

诸法附出

枣类名繁自古同，非独味美誉称隆。^②

地坚性炒无畏惧，斧嫁狂疏必有功。^③

火诱驱虫遵古法，赤熟落地胜霞红。^④

干油脯蚿随君意，好奉尊前逗小童。^⑤

【注释】

①题解。枣树原产中国。此篇列举了40余种枣树的品种，对枣的栽种、管理和收获、储藏方法，"嫁枣"丰产技术，以及枣制食品的制作方法作了介绍。还特别提到贾氏家乡齐郡"丰肌细核，多膏肥美，为天下第一"的"乐氏枣"，记述了"乐氏枣"的来历。

②首联。参阅诗题解，及《要术》原著。因世人常依"枣""早"谐音，取其吉祥义，故译诗谓"非独味美誉称隆"。

③颔联。写枣树的生长特点与田间管理。《要术》载："常选好味者，留栽之。候枣叶始生而移之（枣性硬，故生晚；栽早者，坚垆生迟也）。三步一树，行欲相当（地不耕也）。"

又载："正月一日日出时，反斧斑驳椎之，名曰'嫁枣'（不椎则花而无实；斫则子萎而落也）。候大蚕入簇，以杖击其枝间，振去狂花（不打，花繁，不实不成）。""狂"，指狂花、不结果之花，贾氏家乡俗谓"谎花"；"狂疏"，指将狂花震落，避免其争夺养分。

④颈联。写枣树的驱虫。《要术》载："凡五果及桑，正月一日鸡鸣时，把火遍照其下，则无虫灾。"又载："全赤即收。收法：日日撼而落之为上（半赤而收者，肉未充满，干则色黄而皮皱；将赤味亦不佳；全赤久不收，则皮硬，复有乌鸟之患）。"

彭世奖在《中国古代农业害虫防治法》中认为：我国自古就有用火烧除虫害的记载，火烧法对防除趋光性较强的害虫有一定功效。《诗经·小雅·大田》也载有："去其螟螣，及其蟊贼，无害我田稚。田祖有神，秉畀炎火。"汉代郑玄笺曰："田祖之神不受此害，持之付与炎火，使自消亡。"中国农业科学院、南京农学院中国农业遗产研究室编写的《中国农学史（初稿）·上册》就指出："以火诱杀害虫的方法，直到今天还在我国许多地区应用，其历史的渊源也是很悠久的。"宋代苏轼《次韵章传道喜雨》诗中也有："坐观不救亦何心，秉畀炎火传自古。"

⑤尾联。意在说明贾氏记载的枣制食品技术，不另引文说明，可参阅《要术》原著。

种桃柰第三十四^①　　下平七阳

自古言桃兆瑞祥，花灼实寿木乘殃。^②

种核宜待春芽起，纵刃应期四岁长。^③

留本出新犹绽秀，烂桃酿醋味更香。^④

樱桃野采葡萄架，鲜啖收存另有章。^⑤

【注释】

①题解。此篇内容与标题有出入，正文未介绍"柰"，因后文有《柰、林檎第三十九》，石声汉先生疑此篇的"柰"为"类"误，可资参考。桃在我国已有 3 000 多年的栽培历史。正文除介绍种桃、使桃树长势旺盛与储藏桃的方法，还介绍了樱桃和葡萄的栽种方法与注意事项。

②首联。意在说明桃的多种用处。《诗经·周南·桃夭》有"桃之夭夭，灼灼其华"一句，言桃花鲜艳如火。桃，象征长寿；桃木，俗谓有避邪之用。"乘"，胜、压义。

③颔联。写桃的种植技术。《要术》载："桃，柰桃，欲种，法：熟时合肉全埋粪地中（直置凡地则不生，生亦不茂。桃性早实，三岁便结子，故不求栽也）。至春既生，移栽实地（若仍处粪地中，则实小而味苦矣）。"另一法，不再另引。

又载："桃性皮急，四年以上，宜以刀竖劚其皮（不劚者，皮急则死）。七八年便老（老则子细），十年则死（是以宜岁岁常种之）。""纵刃"，指采取"纵伤法"管理桃树，以促进其生长旺盛。"四岁长"，长（cháng），指《要术》所言对"四年以上"的桃树方能进行"纵伤"管理。

④颈联。写桃树的移栽方法，《要术》载："以锹合土掘移之（桃性易种难栽，若离本土，率多死矣，故须然也）。""又法：候其子细，便附土斫去；栭上生者，复为少桃：如此亦无穷也。""栭"（niè），古同"蘖"，指树枝砍去后又长出来的新芽。"留本"，指桃树移栽时不宜与原生土分离。

又载："桃酢法：桃烂自零者，收取，内之于瓮中，以物盖口。七日之后，既烂，漉去皮核，密封闭之。三七日酢成，香美可食。"

⑤尾联。《要术》载："二月初，山中取（樱桃）栽，阳中者还种阳地，阴中者，还种阴地（若阴阳易地则难生，生亦不实）。"又载："（葡萄）蔓延，性缘不能自举，作架以承之。叶密阴厚，可以避热。"此外，贾氏还记述了葡萄干藏和鲜藏的方法，译诗所谓"另有章"，原文不俱引，可参阅《要术》原著。

种李第三十五① 下平十一尤

名品繁多李味优，植来能长卅春秋。②

嫁枝火杖同功效，自奉君前果满篓。③

两步一栽寻沃土，只锄尽秽缀枝头。④

和盐手捻除汁曝，着蜜成肴可对酬。⑤

【注释】

①题解。此篇介绍了李的栽种、管理及加工食用方法。

②首联。意在说明贾氏介绍了多个不同的李品种及其不同的特点，介绍了李树的生长年限，《要术》载："李性耐久，树得三十年；老虽枝枯，子亦不细。"

③颔联。介绍李的嫁接与丰产管理方法。《要术》"嫁李法"载："正月一日，或十五日，以砖石着李树歧中，令实繁。又法：腊月中，以杖微打歧间，正月晦日复打之，亦足子也。又法：以煮寒食醴酪火杴着树枝间，亦良。树多者，故多束枝，以取火焉。"

④颈联。强调李的栽种要领及丰产技术。《要术》载："李树桃树下，并欲锄去草秽，而不用耕垦（耕则肥而无实；树下犁拨亦死之）。桃、李大率方两步一根。""只锄"，指只用锄去草秽而不用耕垦。

⑤尾联。意在说明李的果实食用方法，《要术》载："作白李法：用夏李。色黄便摘取，于盐中接之。盐入汁出，然后合盐晒令菱，手捻之令褊。复晒，更捻，极褊乃止。曝使干。饮酒时，以汤洗之，漉着蜜中，可下酒矣。"

种梅杏第三十六^① 　下平十二侵

杏李䴬附出

董奉传名在杏林，救饥济困布甘霖。^②

参同桃李堪栽种，盐䴬藏来更可心。^③

千树木奴除岁馑，满枝黄杏泛禅音。^④

乌梅入药还别论，杏子为粥最可歆。^⑤

【注释】

①题解。此篇介绍了如何鉴别梅和杏，记述了用梅果制作各种食物的方法，还特别强调了杏可以济贫救饥，体现出贾氏的荒政思想（忧患意识）。

②首联。《要术》引用了《神仙传》中董奉行医不取钱，让痊愈者栽杏为酬，杏成林，董又在林中设仓以杏易谷、赈救贫乏的故事，也即现在中医"杏林"之称的来历。故事可参阅《要术》或《神仙传》。

③颔联。写梅杏栽种和收藏之法。《要术》载："栽种与桃李同。"

又载"作杏李䴬法"："杏李熟时，多收烂者，盆中研之，生布绞取浓汁，涂盘中，日曝干，以手摩刮取之。可和水为浆，及和米䴬，所在入意也。"《要术》引《食经》介绍"蜀中藏梅法"。又载"作白梅法"："梅子酸，核初成时摘取，夜以盐汁渍之，昼则日曝。凡作十宿，十浸十曝，便成矣。""盐䴬"，指杏李的两种收藏之法："盐"，指盐渍藏梅法；"䴬"，指杏李䴬法。

④颈联。《要术》载："按杏一种，尚可赈贫穷，救饥馑，而况五果、蓏、菜之饶，岂直助粮而已矣？谚曰：'木奴千，无凶年。'盖言果实可以市易五谷也。"下联之意参阅首联注释中关于董奉的"杏林"故事。

⑤尾联。写梅与杏子的用途。《要术》载："乌梅入药，不任调食也。"又载："杏子人，可以为粥（多收卖者，可以供纸墨之直也）。""歆"，心悦、欣喜。

插梨第三十七① 下平六麻

古法插梨妙可夸，嫁接连理技无瑕。②

枣榴上等优砧木，棠杜寻常俗枝丫。③

皮木相接无缝隙，绵泥密锁露梢芽。④

园庭分判宜别取，形貌结梨又两差。⑤

【注释】

①梨是中国最早栽培的果树之一，民间俗有"果树祖宗"之称。此篇介绍了梨的种类、繁殖方法（包括培育实生苗和嫁接），以及鲜藏梨的方法等。重点介绍了嫁接技术与砧木选择对梨品质的影响，"插"有"刺入"之义，贾氏所谓的"插"即无性杂交的嫁接，反映了我国古代园艺技术之先进。

②首联。意在说明我国古代嫁接技术的高超。

③颔联。写嫁接梨的砧木选择。《要术》载："插者弥疾。插法：用棠、杜（棠，梨大而细理；杜次之；桑，梨大恶；枣、石榴上插得者，为上梨，虽治十，收得一二也）。杜如臂以上，皆任插（当先种杜，经年后插之。主客俱下亦得；然俱下者，杜死则不生也）。杜树大者，插五枝；小者，或三或二。梨叶微动为上时，将欲开莩为下时。"在此处引文中，"主"，代表砧木；"客"，代表接穗。

④颈联。写具体的嫁接技术，《要术》载："先作麻纫缠十许匝；以锯截杜，令去地五六寸（不缠，恐插时皮披。留杜高者，梨枝繁茂，遇大风则披。其高留杜者，梨树早成；然宜高作蒿箪盛杜，以土筑之令没；风时，以笼盛梨，则免披耳）。斜攕竹为签，刺皮木之际，令深一寸许。折取其美梨枝阳中者（阴中枝则实少），长五六寸，亦斜攕之，令过心，以大小长短与签等；以刀微劙梨枝斜攕之际，剥去黑皮（勿令伤青皮，青皮伤即死）。拔去竹签，即插梨，令至劙处，木边向木，皮还近皮。插讫，以绵幕杜头，封熟泥于上，以土培覆，令梨枝仅得出头。以土壅四畔。当梨上沃水，水尽以土覆之，勿令坚涸。百不失一（梨枝甚脆，培土时宜慎之，勿使掌拨，掌拨则折）。其十字破杜者，十不收一（所以然者，木裂皮开，虚燥故也）。梨既生，杜旁有叶出，辄去之（不去势分，梨长必迟）。"此嫁接技术科学先进，至今仍可参考借鉴，在贾氏故里寿光，人们在蔬菜、果树、花

卉种植等领域广泛应用嫁接技术，反映出我国人民高超的园艺技术和劳动智慧。

⑤尾联。写园中、庭前种梨嫁接选枝的区别。《要术》载："凡插梨，园中者，用旁枝；庭前者，中心（旁枝，树下易收；中心，上耸不妨）。用根蒂小枝，树形可喜，五年方结子；鸠脚老枝，三年即结子，而树丑。"贾氏不仅对梨树嫁接的选枝、结果时间等作了细致观察研究，还充分考虑到了树形外观的美化效果，反映了我国古代园艺的基本审美观和发展成果。

种栗第三十八① 下平七阳

栗立相谐寓意祥，逢人嫁娶必登场。②

新栽忌触冬须裹，数岁能闻栗子香。③

种避三伤收自落，存分二性有其方。④

榛同板栗依其法，烛茎绝烟更耀光。⑤

【注释】

①题解。此篇介绍了栗和榛两种果树的种植、管理、收获和储藏方法，略述了榛的用途。

②首联。以世俗入诗。今人婚礼仪式中，有用枣、花生、栗子等物撒于被褥之上的习俗，盖取其谐音吉祥之寓意。

③颔联。写栗的栽种与防寒管理。《要术》载："栗，种而不栽（栽者虽生，寻死矣）。……既生，数年不用掌近（凡新栽之树，皆不用掌近，栗性尤甚也）。三年内，每到十月，常须草裹，至二月乃解（不裹则冻死）。"

④颈联。"三伤"者，即谓栽而不种、掌近、不裹等对栗树不利而有伤的三种情况。"存分二性"，指栗有干藏、生藏两种储藏方法，详参《要术》此篇。

⑤尾联。略写榛的种植与用途。《要术》引《诗义疏》载："（榛）其枝茎生樵、爇烛，明而无烟。"贾氏又云："（榛）栽种与栗同。"

奈、林檎第三十九① 下平八庚

奈并林檎果树名，喜栽厌种李桑盟。②

斑椎反斧休无谓，不报丰饶枉负情。③

莫怨果食乏品味，何妨粉粒煮美羹。④

若嫌麨粉多繁序，尚可寻干奈脯营。⑤

【注释】

①题解。此篇介绍了奈、林檎的种植、食用方法，奈与林檎都属蔷薇科，树和果实均相似。

②首联。写奈、林檎皆果树名，种法与桃李相同。《要术》载："奈、林檎不种，但栽之（种之虽生，而味不佳）。取栽如压桑法（此果根不浮秽，栽故难求，是以须压也）。……栽如桃李法。"

③颔联。写奈、林檎的管理和增产技术。《要术》载："林檎树以正月、二月中，翻斧斑驳椎之，则饶子。"

④颈联。写奈、林檎果实的食用方法。《要术》载："作奈麨法：拾烂奈，内瓮中，盆合口，勿令蝇入。六七日许，当大烂，以酒淹，痛抨之，令如粥状。下水，更抨，以罗漉去皮、子。良久，清澄，泻去汁，更下水，复抨如初。嗅看无臭气乃止。泻去汁，置布于上，以灰饮汁，如作米粉法。汁尽，刀劙，大如梳掌，于日中曝干，研作末，便成。"

"作林檎麨法"："林檎赤熟时，擘破，去子、心、蒂，日晒令干。或磨或捣，下细绢筛；粗者更磨捣，以细尽为限。以方寸匕投于碗水中，即成美浆。不去蒂则大苦，合子则不度夏，留心则大酸。若干噉者，以林檎麨一升，和米麨二升，味正调适。"

⑤尾联。奈、林檎的果实麨粉保存工序复杂，而奈果又可制成奈脯保存，《要术》"作奈脯法"载："奈熟时，中破，曝干，即成矣。"

种柿第四十① 上平十四寒

柿事互谐贵在丹，吉祥如意壁间观。②

一枝几簇摇风曳，万事随心少骇澜。

栽若插梨无所异，采须脱涩有详端。③

莫言树木辛而苦，未见人生俱尽欢。

【注释】

①题解。此篇介绍了柿的收摘和藏柿法。柿原产中国，"以灰汁澡柿"的人工脱涩法是我国劳动人民的发明。

②首联。意在说明民间习俗常取柿与事谐音表情达意，柿成熟后色红喜人，从而成为国画作品中的重要题材，常用以表达事事如意。"壁间观"，指悬挂于墙壁之上的国画作品。《要术》引《说文》："柿，赤实果也。"

③颈联。写柿的栽种与果实脱涩技术。《要术》载："柿，有小者，栽之；无者，取枝于㮕枣根上插之，如插梨法。"

又引《食经》云："柿熟时取之，以灰汁澡再三度。干令汁绝，着器中。经十日可食。"今民间食用柿前仍需进行脱涩处理，多久放或与其他水果类一起存放，时久则自然脱涩。此外，现今又培育出了可即摘即食的甜柿新品种。

安石榴第四十一^①　下平七阳

抱籽石榴美名扬，舶来已遍众街坊。^②

断枝尺半还环布，灼首数条共一房。^③

宜下土石杂骨筑，并施水泽令润常。^④

当时花重疑霞落，待到枝垂喜果藏。^⑤

【注释】

①题解。此篇详细记述了石榴的栽培方法和培育管理技术。

②首联。石榴，从西域传入我国，民间庭院广为种植，因其籽多抱团，也是民间风俗中借物言情常用之属。

③颔联。写石榴的栽法。《要术》"栽石榴法"载："三月初，取枝大如手大指者，斩令长一尺半，八九枝共为一窠，烧下头二寸（不烧则漏汁矣）。掘圆坑，深一尺七寸，口径尺。竖枝于坑畔（环圆布枝，令匀调也），置枯骨、礓石于枝间（骨、石，此是树性所宜），下土筑之。一重土，一重骨石，平坎止（其土令没枝头一寸许也）。水浇常令润泽。既生，又以骨石布其根下，则科圆滋茂可爱（若孤根独立者，虽生亦不佳焉）。""一房"，即一窠。

④颈联。参阅颔联注释引文。"下"，作动词。

⑤尾联。意在言石榴花开重重，花色红若丹霞，鲜艳夺目，石榴成熟后压枝欲垂，而果实藏于枝间，皮绽籽露者尤为人喜爱，世人常以"笑口常开"谓之，又以其抱籽成团，故多以此形容团结一心。

种木瓜第四十二① 下平六麻

俗误此瓜即木瓜，枉言自古有诗夸。②

压枝种子栽随意，效李从桃法无差。③

藏可净熟切作片，渍凭盐蜜淬琢华。④

投桃报李人之道，薪火相传忌有瑕。

【注释】

①题解。此篇简要介绍了木瓜的繁殖方法和食用方法。

②首联。意在说明此篇所说的木瓜与今天作为水果的木瓜不同。《要术》此篇所记"木瓜"即《诗经》中"投我以木瓜，报之以琼瑶"的木瓜，不是今天的水果木瓜。"诗"，指《诗经》。

③颔联。《要术》载："木瓜，种子及栽皆得，压枝亦生。栽种与桃李同。""种"（zhòng），种植。"法无差"，指木瓜种植方法与桃树、李树的种植方法相同，没有差别。

④颈联。写木瓜的食用之法，《要术》引《食经》"藏木瓜法"："先切去皮，煮令熟，着水中，车轮切。百瓜用三升盐，蜜一斗渍之。昼曝，夜内汁中。取令干，以余汁密藏之。亦用浓杬汁也。"

种椒第四十三^①　　下平五歌

要术言椒故事多，须知此物异常科。^②

本来蜀地合椒性，遍种青州谢贾蹉。^③

栽种同葵移必慎，收摘候爆取顷俄。^④

叶青菹末权君意，调味烹蔬便任和。^⑤

【注释】

①题解。《要术》此篇介绍了花椒的繁殖、收摘与食用方法，详细分析了环境因素对作物遗传变异的影响，反映了我国劳动人民在生产实践中的智慧。

②首联。写北方，特别是贾氏家乡花椒的来历，及其与蔬菜"椒"的不同。贾氏在此篇中记述了其家乡种植蜀椒的故事，《要术》载："今青州有蜀椒种，本商人居椒为业，见椒中黑实，乃遂生意种之。凡种数千枚，止有一根生。数岁之后，便结子，实芬芳，香、形、色与蜀椒不殊，气势微弱耳。遂分布栽移，略遍州境也。""异常科"，指此椒为花椒，非蔬菜类的椒。

③颔联。写花椒本为南方植物，引来北方种植是通过商人的经营。参阅首联注释引《要术》原文。"贾"，指商人；"蹉"，蹉跎、周折经营之义。

④颈联。写花椒的栽种与收摘。《要术》载："熟时收取黑子（俗名'椒目'。不用人手数近捉之，则不生也）。四月初，畦种之（治畦下水，如种葵法）。方三寸一子，筛土覆之，令厚寸许；复筛熟粪，以盖土上。"

又载："候实口开，便速收之。天晴时摘下，薄布曝之，令一日即干，色赤椒好（若阴时收者，色黑失味）。""顷俄"，时间短促，指收获花椒要"速收之"。

⑤尾联。写花椒的食用之法。《要术》载："其叶及青摘取，可以为菹；干而末之，亦足充事。""便任和"，指花椒叶既可腌制菹菜，也可晒干研成粉末后作为香料，可以随人选择。

种茱萸第四十四^①　下平二萧

科属芸香借味调，摩诘诗里未同僚。^②

栽宜高燥丘堤处，收必实开壁上焦。^③

去籽方堪遂取用，除腥恰便味趋韶。^④

坊间所述多奇异，岂可无端就谬谣？^⑤

【注释】

①题解。此篇介绍了茱萸移栽的时令，对土壤、环境的要求，以及收获注意事项与用途。《要术》所载茱萸是食用的，与花椒同属。

②首联。写茱萸的用途与今俗不同。《要术》载："食茱萸也；山茱萸则不任食。"指明此"茱萸"为食茱萸，属芸香科。唐代诗人王维，字摩诘，他在《九月九日忆山东兄弟》诗中有"遍插茱萸少一人"句，此茱萸非贾氏所言茱萸。"同僚"，犹同类也。

③颔联。写茱萸的种植、收获与处理。《要术》载："（茱萸）二月、三月栽之。宜故城、堤、冢高燥之处。"

又载茱萸的收获与处理："候实开，便收之，挂着屋里壁上，令荫干，勿使烟熏（烟熏则苦而不香也）。""焦"，即阴干也。

④颈联。写茱萸的食用。《要术》载："用时，去中黑子（肉酱、鱼鲊，偏宜所用）。""韶"，美好。

⑤尾联。意在说明贾氏引《术》《杂五行书》等，文中有茱萸可以防病、辟邪的迷信说法，当不可听信。正如石声汉先生所言："《要术》作伪的责任，不该由作者（贾思勰）负。"

種藍第五十三

種紫草第五十四

伐木第五十五　種地黃法附

種桑柘第四十五

手藥紫粉
白粉附

爾雅曰桑辨有葚梔注云辨半也女桑挾桑注曰今俗呼桑樹小
而條長者爲女桑樹也壓桑山桑注云似桑材中爲弓及車轅搜
神記曰太古時省人遠征家有一女并馬一匹女思父乃戲馬云
爾能爲我迎得父還吾將嫁於汝馬絕韁而去至父所父疑家中
有故乗馬馳還馬見女輒怒奮擊父怪之密問女女具以告父父
射殺馬曝皮於庭女至皮所以足蹴之曰爾馬而欲人爲婦自取
屠射如何言未竟皮蹶然起卷女而行後於大樹之間得其女及
皮盡化爲蠶績於樹上世謂鑑爲女兒古之遺言也因名其樹爲桑桑
喪也今世有桑葚熟時收黑魯椹曰黄魯椹桑
荆言桑地也　桑之名　　百豐錦帛諺桑不耐久

齊民要術卷第五

後魏高陽太守賈思勰 撰

《齐民要术》卷五篇目书影（《四部丛刊》本）

种桑、柘第四十五^①

养蚕附

其一 桑 下平一先

桑柘卷五第一篇，神话随文入目先。^②

栽种犁耕别有法，合之采剪四纲全。^③

菜粮杂间宜多获，叶椹兼营莫有愆。^④

若论桑中孰为上，必称黑鲁列其前。^⑤

【注释】

①题解。此篇介绍了桑苗培育、移栽、管理、摘叶、肥培等一整套经营桑园的操作技术，对养蚕准备工作，饲蚕、育蚕注意事项，如何提高蚕茧质量，收茧技术，都作了较翔实的记载。此外，还简要介绍了柘的种法及管理。因文长而译诗三首。《要术》此篇是我国现存系统地介绍种桑养蚕的古代文献之一，但不是中国最早的养蚕记录。而养育柘蚕记载，以《要术》为最早。据《中国农业百科全书·农业历史卷》，前11世纪至春秋时期，蚕桑已遍及今陕西、河南、山西、河北、山东一带；前7世纪时，山东是全国丝织品生产中心。前475—前221年，养蚕已用专用蚕室，蚕卵浴种技术已开始使用，荀况作《蚕赋》，证明家蚕生活已见于记载；桑树也已有乔木桑、高干桑和灌木桑之分。前206年—8年，已出现沸水缫丝记载。蚕的种类，除桑蚕外，还有樗蚕、棘蚕、栾蚕、萧蚕等。

②首联。本篇为《要术》卷五第一篇，贾氏先引《搜神记》记述了桑、蚕的来历故事，引文参阅《要术》或《搜神记》。

③颔联。写桑的种植技术。种椹法："桑椹熟时，收黑鲁椹（黄鲁桑，不耐久。谚曰：'鲁桑百，丰绵帛。'言其桑好，功省用多），即日以水淘取子，晒燥，仍畦种（治畦下水，一如葵法）。常薅令净。"移栽法："明年正月，移而栽之（仲春、季春亦得）。率五尺一根（未用耕故。凡栽桑不得者，无他故，正为犁拨耳。是以须概，不用稀；稀通耕犁者，必难慎，率多死矣；且概则长疾。大都种椹长

迟，不如压枝之速。无栽者，乃种椹也）。"又载耕法："凡耕桑田，不用近树（伤桑、破犁，所谓两失）。其犁不着处，斸地令起，斫去浮根，以蚕矢粪之（去浮根，不妨耧犁，令树肥茂也）。""四纲全"，指桑的种（种椹）、栽（种后移栽）、耕（穊者不耕）、采（采叶饲蚕）四个主要流程环节。

④颈联。意在说明桑下间作可获多利。"杂间"，间（jiàn）。《要术》载："其下常斸掘种菉豆、小豆（二豆良美，润泽益桑）。""岁常绕树一步散芜菁子。收获之后，放猪啖之，其地柔软，有胜耕者。"又载："种禾豆，欲得逼树（不失地利，田又调熟。绕树散芜菁者，不劳逼也）。""叶椹兼营"，指桑叶可饲蚕，桑椹可当食。"椹熟时，多收，曝干之，凶年粟少，可以当食。"贾氏还在此篇中载录了自己的亲见："今自河以北，大家收百石，少者尚数十斛。故杜葛乱后，饥馑荐臻，唯仰以全躯命；数州之内，民死而生者，干椹之力也。"进一步表达了自己的忧患意识。

⑤尾联。《要术》载民谚："鲁桑百，丰绵帛。"这是贾氏创作"爰及歌谣"的实证。

其二 柘 下平一先

柘桑同属命相连，蚕事从来位未迁。①

熟地垄开宜散讫，子淘日曝好归田。②

取枝驱匠堪多任，采叶投蚕可尽贤。③

果酿丝滑诚谓美，坑树技妙更无前。④

【注释】

①首联。柘与桑同属桑科，果均为聚花果，可食也可酿酒，其叶也是饲蚕之用。"位未迁"，指柘、桑都是饲蚕之食料，它们在饲蚕中的作用、地位从未改变。

②颔联。写柘的地宜与种植。《要术》"种柘法"载："耕地令熟，耧耩作垄。柘子熟时，多收，以水淘汰令净，曝干。散讫，劳之。草生拔却，勿令荒没。""好归田"，指在田中种柘子。

③颈联。写柘的多种用途和经济效益。关于经济效益，《要术》载："三年，间斸去，堪为浑心扶老杖（一根三文）。十年，中四破为杖（一根直二十文），任为马鞭、胡床（马鞭一枚直十文，胡床一具直百文）。十五年，任为弓材（一张三百），亦堪作屐（一两六十）。裁截碎木，中作锥、刀靶（一个直三文）。二十年，好作犊车材（一乘直万钱）。"

又载："欲作鞍桥者，生枝长三尺许，以绳系旁枝，木橛钉着地中，令曲如桥。十年之后，便是浑成柘桥（一具直绢一匹）。欲作快弓材者，宜于山石之间北阴中种之。"而柘叶饲蚕自不必说。

④尾联。写柘果可酿酒，柘叶饲蚕蚕丝质优，可为弦，以及柘的特殊种植技术。《要术》载："柘叶饲蚕，丝好。作琴瑟等弦，清鸣响彻，胜于凡丝远矣。"

《要术》载柘的特殊种植技术："其高原山田，土厚水深之处，多掘深坑，于坑中种桑柘者，随坑深浅，或一丈、丈五，直上出坑，乃扶疏四散。此树条直，异于常材。十年之后，无所不任（一树直绢十匹）。"此法实为妙哉，足见古人从实践中得来的智慧，也体现了贾氏观察之细致，用心之良苦。

其三 蚕 　下平一先

中华蚕法美名传，试问谁人可比肩？①

最数低温孵化妙，荫成水抑道机玄。②

柘蚕首录功须记，害鼠还绝训必宣。③

育饲有方遵法度，缫丝盐茧备详全。④

【注释】

①首联。可参阅《种桑、柘第四十五》题解中关于养蚕的说明。

②颔联。写蚕的孵化控温技术。《要术》引《永嘉记》藏卵法载："腊月桑柴二七枚，以麻卵纸，当令水高下，与重卵相齐。若外水高，则卵死不复出；若外水下，卵则冷气少，不能折其出势。不能折其出势，则不得三七日；不得三七日，虽出不成也。不成者，谓徒绩成茧，出蛾，生卵，七日不复剖生，至明年方生耳。欲得荫树下。亦有泥器口，三七日亦有成者。""水抑"，指调控水温以控制蚕卵孵化。

③颈联。参阅《种桑、柘第四十五》题解中关于柘蚕的说明。老鼠是蚕的天敌，对养蚕业造成极大威胁，自古以来，养蚕人总是想方设法寻求杜绝鼠害的办法。因此，养蚕户必须重视"鼠害"。

④尾联。关于养蚕法，《要术》原著有大量记载，此略引，可参阅原著。我国古代缫丝技术在世界上居于先进之列，故译诗重点及之。关于缫丝技术，《要术》载："用盐杀茧，易缫而丝韧；日曝死者，虽白而薄脆，缣练衣着，几将倍矣，甚者，虚失岁功：坚、脆悬绝，资生要理，安可不知之哉？"

种榆、白杨第四十六①

其一　榆　　上平一东

榆杨美誉素来隆，立地撑天有伟功。②

荚落收来秋地种，三年异地可临风。③

避荫东北西三向，近市柴荚木俱通。④

永逸一劳堪胜谷，寻常宅第喜除穷。⑤

【注释】

①题解。此篇介绍了榆的种植技术、榆荚食用之法与种榆经济效益，以及白杨的种植方法、用途和经济价值，进一步指出松柏、白杨、榆树中松柏最适于用作建材，说明经过长期的实践、观察，我国劳动人民对不同木材的特性和用途已有清楚的认识。因《要术》此篇原文太繁长，故择其要者而诗译二首。

②首联。意在说明榆、杨在生活中的作用及形象。其他各联专言榆。

③颔联。写榆的种植与移栽。《要术》载："种者，宜于园地北畔，秋耕令熟，至春榆荚落时，收取，漫散，犁细畤，劳之。"

又载："后年（第三年）正月、二月，移栽之（初生即移者，喜曲，故须丛林长之三年，乃移种）。"

④颈联。写榆的生长特点与经济效益。《要术》载："榆性扇地，其阴下五谷不植（随其高下广狭，东西北三方所扇，各与树等）。"

又载："地须近市（卖柴、荚、叶，省功也）。""木"，指榆树木材。

⑤尾联。写种榆的经济效益。《要术》载："卖柴之利，已自无赀（岁出万束，一束三文，则三十贯；荚叶在外也）；况诸器物，其利十倍（于柴十倍，岁收三十万）。斫后复生，不劳更种，所谓一劳永逸。能种一顷，岁收千匹。唯须一人守护，指挥，处分，既无牛、犁、种子、人功之费，不虑水、旱、风、虫之灾，比之谷田，劳逸万倍。"

其二　杨　　上平一东

白杨性劲且材崇，俗忌私宅勿令葱。[①]

鬼掌叶拍愚可笑，未知身介柏榆中。[②]

曲多路漫推榆树，垄阔枝屈利杨丛。[③]

三五十年遂任用，岂愁少获哭贫穷？[④]

【注释】

①首联。写杨的形态特征与民间习俗。《要术》载："白杨（一名'高飞'，一名'独摇'），性甚劲直，堪为屋材；折则折矣，终不曲挠。"民间认为风吹杨树叶声似鬼拍掌，故世俗常言不宜宅中种之。

②颔联。上句据民俗而言，实为迷信也。下句据贾氏观点说明杨树的价值介于松柏与榆树之间，应该得到重视。《要术》载："凡屋材，松柏为上，白杨次之，榆为下也。"

③颈联。写贾氏对比杨树与榆树的品质优劣，《要术》载："榆性软，久无不曲，比之白杨，不如远矣。且天性多曲，条直者少；长又迟缓，积年方得。"

又载"种白杨法"："秋耕令熟。至正月、二月中，以犁作垄，一垄之中，以犁逆顺各一到，畦中宽狭，正似葱垄。作讫，又以锹掘底一坑作小堑。斫取白杨枝，大如指、长三尺者，屈着垄中，以土压上，令两头出土，向上直竖。二尺一株。"贾氏所言垄中种杨，两头出、中间土压，即译诗所谓"枝屈"也；杨树成长后则一枝成两株，故译诗言"杨丛"，与"榆树"又成复单相对也。

④尾联。写种植杨树的经济效益。《要术》载："（白杨）一亩三垄，一垄七百二十株，一株两根，一亩四千三百二十株。三年，中为蚕樀。五年，任为屋椽。十年，堪为栋梁。以蚕樀为率，一根五钱，一亩岁收二万一千六百文（柴及栋梁、椽柱在外）。岁种三十亩，三年九十亩。一年卖三十亩，得钱六十四万八千文。周而复始，永世无穷。比之农夫，劳逸万倍。去山远者，实宜多种。千根以上，所求必备。"

种棠第四十七① 上平十一真

多途之益萃棠身，利胜营桑可去贫。②

或种别栽随尔意，但凭经略莫辞辛。③

晴收数采候干用，雨浥一伤败色淳。④

五彩华服诚美艳，几人又记染织民？

【注释】

①题解。此篇介绍了棠的繁殖和棠叶的收摘及用途。

②首联。棠，有赤、白两种。赤棠，木材红色，木理坚韧，可制作弓干，果实酸而粗涩。白棠即甘棠，也叫棠梨，果实味酸甜，可食；棠叶可制作染料，染绛（大红色）及紫色。《要术》载："成树之后，岁收绢一匹（亦可多种，利乃胜桑也）。"因种棠"利乃胜桑"，故译诗言"可去贫"。

③颔联。写棠可种可栽。《要术》载："棠熟时，收种之。否则，春月移栽。"

④颈联。写棠叶的采摘及注意事项。《要术》载："八月初，天晴时，摘叶薄布，晒令干，可以染绛（必候天晴时，少摘叶，干之；复更摘。慎勿顿收：若遇阴雨则浥，浥不堪染绛也）。""淳"，浓，指雨水易令棠叶霉坏而影响染色效果。

种榖楮第四十八^①　下平八庚

构树别称榖楮名，取皮造纸誉无争。^②

喜生涧谷兼良地，种子和麻即漫倾。^③

育莳适时遵法技，斫收恰当报丰盈。^④

精谋细算休言过，未见周全有负卿。

【注释】

①题解。此篇介绍了榖楮的种植和培育管理，以及种榖楮的经济效益。

②首联。榖、楮和构，实际上是同一种树，其树皮是重要的造纸原料。

③颔联。写榖楮的地宜、种植方式与生物学特性。《要术》载："楮宜涧谷间种之。地欲极良。秋上楮子熟时，多收，净淘，曝令燥。耕地令熟。二月，耧耩之，和麻子漫散之，即劳。秋冬仍留麻勿刈，为楮作暖（若不和麻子种，率多冻死）。""种子"，种（zhòng），动词。"和麻"，指楮树种子与麻子混合一起下种，目的是麻长出后为楮树保暖。

④颈联。《要术》载："明年正月初，附地芟杀，放火烧之。一岁即没人（不烧者瘦，而长亦迟）。三年便中斫（未满三年者，皮薄不任用）。斫法：十二月为上，四月次之（非此两月而斫者，楮多枯死也）。每岁正月，常放火烧之（自有干叶在地，足得火燃。不烧则不滋茂也）。二月中，间劚去恶根（劚者地熟楮科，亦所以留润泽也）。移栽者，二月莳之。亦三年一斫（三年不斫者，徒失钱无益也）。指地卖者，省功而利少。煮剥卖皮者，虽劳而利大（其柴足以供燃）。自能造纸，其利又多。种三十亩者，岁斫十亩；三年一遍。岁收绢百匹。""莳"，种植。

漆第四十九① 　上平十一真

漆器着漆便有神，中华瑰宝灿星辰。②

此篇专论存和用，唤醒粗心莽撞人。③

客去雨歇须净洗，暑来器冷亦干屯。④

属漆什物依此法，保尔千载不逊新。⑤

【注释】

①题解。此篇主要介绍了漆器的保存和使用方法。

②首联。中国制漆工艺悠久，《诗经·鄘风·定之方中》就有"椅桐梓漆"的记载，漆器作为中华工艺瑰宝，反映出我国劳动人民的艺术审美和创新能力。

③颔联。写漆器的保养。一旦被盐醋浸润污着，漆器的美观、质量和使用就会受到严重影响。《要术》载："凡漆器，不问真伪，过客之后，皆须以水净洗，置床箔上，于日中半日许曝之使干，下晡乃收，则坚牢耐久。若不即洗者，盐醋浸润，气彻则皱，器便坏矣。其朱里者，仰而曝之——朱本和油，性润耐日故。"

④颈联。参阅颔联注释引文，《要术》载："盛夏连雨，土气蒸热，什器之属，虽不经夏用，六七月中，各须一曝使干。世人见漆器暂在日中，恐其炙坏，合着阴润之地，虽欲爱慎，朽败更速矣。""冷"，指漆器"着阴润之地"，易潮湿不干也。

⑤尾联。写同类器物的保养之法与漆器相类，依此法处理虽旧胜新。《要术》载："凡木画、服玩、箱、枕之属，入五月，尽七月、九月中，每经雨，以布缠指，揩令热彻，胶不动作，光净耐久。若不揩拭者，地气蒸热，遍上生衣，厚润彻胶便皱，动处起发，飒然破矣。"

种槐、柳、楸、梓、梧、柞第五十① 上平一东

六木材良世誉隆，育栽别树有殊同。②

十年树木遂伐用，窃问卿家可意中？③

莫道栋梁堪大任，须知桐柳亦殊功。④

类多法近详言略，宜就原书问始终。⑤

【注释】

①题解。此篇详细介绍了槐、柳、楸、梓、梧、柞等树种的栽种、培育管理、用途及经济价值。

②首联。本篇所记六种树木均可作为器用或建筑用木材，但栽种方法因树不同而有所差别。具体栽种方法参阅《要术》原著，因文长而篇促，不另引文说明。

③颔联。参俗谚"十年树木，百年树人"。又《要术》载："十年后，（楸）一树千钱，柴在外。车、板、盘、合、乐器，所在任用。以为棺材，胜于松柏。"说明栽树不仅可以提供木柴，成材后伐而售之，还可增加收入。同时，介绍了木材的多种用途。

④颈联。槐、楸、梓、柞皆为世上良材，世人多谓柳、梧木质软而难成材。《要术》载："凭柳可以为楯、车辋、杂材及枕。"箕柳可"任为簸箕"。梧桐"移植于厅斋之前，华净妍雅，极为可爱。……成树之后，树别下子一石（子于叶上生，多者五六，少者二三也）。炒食甚美（味似菱、芡，多噉亦无妨也）"，这是说梧桐既可作为观赏树种，其种子又可食用。白桐"成树之后，任为乐器（青桐则不中用）。于山石之间生者，乐器则鸣。青、白二材，并堪车、板、盘、合、木屧等用"。故译诗言"桐柳亦殊功"。

⑤尾联。意在写此篇介绍的树木种类多、用途多，种法大抵相近，此处略引，若想了解周详，可参阅《要术》原著。

种竹第五十一① 下平八庚

碧叶琼枝未负名，凌云入地气节生。②

身宜山阜求高土，性喜西南展纵横。③

根茎并移糠即粪，干枝皆老器方营。④

若师君子谦谦貌，劝尔林间待笋萌。⑤

【注释】

①题解。此篇介绍了竹的繁殖、培育及用途，以及竹笋的种类、收获、食用方法。

②首联。以竹的形态特征入诗。

③颔联。写竹的地宜与生物学特性。《要术》载："宜高平之地（近山阜，尤是所宜。下田得水即死）。黄白软土为良。"

贾氏注云："竹性爱向西南引，故于园东北角种之。数岁之后，自当满园。谚云：'东家种竹，西家治地。'为滋蔓而来生也。其居东北角者，老竹，种不生，生亦不能滋茂，故须取其西南引少根也。"

④颈联。写竹的移栽与施肥。《要术》载："正月、二月中，劚取西南引根并茎，芟去叶，于园内东北角种之。……稻、麦糠粪之（二糠各自堪粪，不令和杂）。不用水浇（浇则淹死）。"

又载："其欲作器者，经年乃堪杀（未经年者，软未成也）。""老"，成熟，竹子的枝干未老则不坚易变形，难以为材制器，故译诗言"干枝皆老"。

⑤尾联。谓竹有谦谦君子之貌，如学其品性，宜于竹间从竹笋出土观之。《要术》此篇也记载了竹笋的食用之法，译诗以此两用，即合尾联上句所言，又及《要术》内容所涉，两相互照也。古今文人雅士多喜爱植竹，谓松、竹、梅为"岁寒三友"，又谓梅、兰、竹、菊为"四君子"，因其品性也。正如世人誉竹："未出土时先有节，及凌云处尚虚心。"

种红蓝花、栀子第五十二^①　上平四支

燕支、香泽、面脂、手药、紫粉、白粉附

只见红花未见栀，精工妙技却称奇。^②

红花收种提纯色，必赖灰酸淬丽姿。^③

脂粉美肤随选用，香料入味更芳滋。^④

此中工艺繁而巧，遂附长文未啬词。^⑤

【注释】

①题解。此篇介绍了红蓝花的种法、收摘及经济价值，详细介绍了从红蓝花中提取色素的方法，以及古代多种化妆品和护肤品的制作技术。

②首联。本篇标题中虽有栀，但正文中并没有关于栀子的记述。文中记载的红蓝花色素提纯与各种脂粉制作技术非常精细，反映出我国劳动人民的聪明才智，可参阅《要术》原文。

③颔联。写红蓝花的收摘与提取色素。《要术》载："花出，欲日日乘凉摘取（不摘则干）。摘必须尽（留余即合）。五月子熟，拔，曝令干，打取之（子亦不用郁浥）。"

又载"杀花法"："摘取，即碓捣使熟，以水淘，布袋绞去黄汁；更捣，以粟饭浆清而醋者淘之，又以布袋绞去汁，即收取染红，勿弃也。绞讫，着瓮器中，以布盖上；鸡鸣更捣令均，于席上摊而曝干，胜作饼。作饼者，不得干，令花浥郁也。"

④颈联。贾氏在此篇中介绍了燕脂、香泽、面脂、手药、紫粉、米粉、香粉等多种古代美肤用品的制作技术，人们可据需而制取之。这些美肤用品都加入了多种香料，如丁香、藿香、豆蔻、泽兰香、甘松香等。"芳滋"，言美肤用品芳香馥郁，滋润有加。

⑤尾联。美肤用品的制作工艺较复杂，所以贾氏不啬文字，篇幅较长，此处略引，可参阅《要术》原文。译诗言"遂附长文未啬词"是以贾氏身份而言的。

种蓝第五十三^① 下平六麻

良地三耕子浸芽，畦浇三月待三丫。^②

月五栽种三成束，七月收来备采霞。^③

坑纳水淹除秽净，瓮盛汁澈拌灰耙。^④

十能抵百农家乐，纵使寻常色亦华。^⑤

【注释】

①题解。此篇记述了蓝的种植、培育管理方法，以及从蓝中提取蓝靛的方法。

②首联。写蓝的地宜与耕作、下种等要求。《要术》载："蓝地欲得良。三遍细耕。三月中浸子，令芽生，乃畦种之。治畦下水，一同葵法。蓝三叶浇之（晨夜再浇之）。薅治令净。""三丫"，代指蓝生出三片芽叶之时。

③颔联。写蓝的栽种与采收。《要术》载："五月中新雨后，即接湿楼耩，拔栽之（《夏小正》曰：'五月启灌蓝蓼'）。三茎作一科，相去八寸（栽时并功急手，无令地燥也）。白背即急锄（栽时既湿，白背不急锄则坚确也）。五遍为良。七月中作坑，令受百许束，作麦秸泥泥之，令深五寸，以苫蔽四壁。刈蓝，倒竖于坑中，下水，以木石镇压令没。热时一宿，冷时再宿，漉去荄，内汁于瓮中。率十石瓮，着石灰一斗五升，急手抨之，一食顷止。澄清，泻去水；别作小坑，贮蓝淀着坑中。候如强粥，还出瓮中盛之，蓝淀成矣。""备采霞"，指采收蓝后准备制作蓝靛染料；"霞"，喻指蓝靛颜色。

④颈联。写蓝靛的制作方法。参阅颔联注释引文。

⑤尾联。写种蓝的经济价值。《要术》载："种蓝十亩，敌谷田一顷。能自染青者，其利又倍矣。"用蓝靛来染治衣物，即便是朴素的衣物，也能展现出华丽高贵的色彩。

种紫草第五十四^①　下平一先

紫草之根贵色妍，收来染卖利多骈。^②

地良四任择高处，垄种荒除效谷田。^③

收子细耕荒必净，清根葛束镇求旋。^④

棚间停架污烟避，计若长存另话诠。^⑤

【注释】

①题解。此篇介绍了紫草的种植、培育和收储方法，紫草的根含有紫草红色素，可制作紫色染料。

②首联。紫草根可制作紫色染料，用其为衣物染色后售卖可获多利。

③颔联。写紫草的地宜与田间管理。《要术》载："宜黄白软良之地，青沙地亦善；开荒，黍穄下大佳。性不耐水，必须高田。""四任"，指黄白软良之地、青沙地、新开荒地、刚种过黍穄的熟地四种类型的田地可种紫草。

又载："三月种之：耧耩地，逐垄手下子（良田一亩用子二升半，薄田用子三升），下讫劳之。锄如谷法，唯净为佳；其垄底草则拔之（垄底用锄，则伤紫草）。"

④颈联，写紫草的采收与收后处理。《要术》载："九月中子熟，刈之。候稃燥载聚，打取子（湿载，子则郁浥）。即深细耕（不细不深，则失草矣）。寻垄以杷杷取、整理（收草宜并手力，速竟为良，遭雨则损草也）；一抂随以茅结之（擘葛弥善），四抂为一头，当日则斩齐，颠倒十重许为长行，置坚平之地，以板石镇之令扁（湿镇直而长，燥镇则碎折，不镇卖难售也）。两三宿，竖头着日中曝之，令浥浥然（不晒则郁黑，太燥则碎折）。"

⑤尾联。写紫草的储藏与效益。《要术》载："五十头作一洪（洪，十字，大头向外，以葛缠络），着敞屋下阴凉处棚栈上。其棚下勿使驴马粪及人溺，又忌烟——皆令草失色。其利胜蓝。若欲久停者，入五月，内着屋中，闭户塞向，密泥，勿使风入漏气。过立秋，然后开出，草色不异。"

伐木第五十五^①　　下平七阳

种地黄法附出

伐木合时品性良，郑公所论尚需商。^②

但凡子落遂当斩，岂忌阴阳固守纲?^③

无度砍伐须禁止，适时养护要提倡。^④

地黄黑土宜时莳，收种凭根各有章。^⑤

【注释】

①题解。此篇总结了伐木的时令与伐后木材的处理技术，以及种地黄的方法。

②首联。写伐木有时宜要求，贾氏对郑玄的注释有不同意见。《要术》载："凡伐木，四月、七月则不虫而坚韧。榆荚下，桑椹落，亦其时也。"

贾氏对郑玄关于《周官》"仲冬斩阳木，仲夏斩阴木"的注（"阳木生山南者，阴木生山北者。冬则斩阳，夏则斩阴，调坚软也"）持有不同意见，提出"柏之性，不生虫蠹，四时皆得，无所选焉。山中杂木，自非七月、四月两时杀者，率多生虫，无山南山北之异。郑君之说，又无取。则《周官》伐木，盖以顺天道，调阴阳，未必为坚韧之与虫蠹也"的观点，即译诗"尚需商"之含义。

③颔联。写伐木的一般规律。《要术》载："然则凡木有子实者，候其子实将熟，皆其时也（非时者，虫而且脆也）。"

④颈联。写伐与养要结合。贾氏引《孟子》"斧斤以时入山林，材木不可胜用"，又引《淮南子》"草木未落，斤斧不入山林"，强调有序砍伐，适当保护林木，体现了古代的生态思想。

⑤尾联。写地黄的种植与用途。《要术》"种地黄法"载："须黑良田，五遍细耕，三月上旬为上时，中旬为中时，下旬为下时。一亩下种五石。其种还用三月中掘取者。逐犁后如禾麦法下之。至四月末五月初，生苗。讫至八月尽九月初，根成，中染。若须留为种者，即在地中勿掘之。待来年三月，取之为种。"

後魏高陽太守賈思勰撰

服牛乘馬量其力能寒溫飲飼適其天性如

养牛、马、驴、骡第五十六^①　上平一东

相牛、马及诸病方法

服牛乘马慧其中，畜力协农有伟功。^②

但有驱驰千里马，耕驮负重数牛忠。^③

谩言畜类愚无智，但尽人心性必通。^④

养饲相医诸法备，磨刀未误砍柴工。^⑤

【注释】

①题解。此篇介绍了牛、马、驴、骡的饲养、役使方法以及诸多的兽医技术。译诗仅大体上进行了概括，具体技术可参阅《要术》原文。

②首联。意在说明服牛乘马是人类在农业生产中的重大进步，为人类生产生活带来巨大的便利，是人类智慧与自然所赐完美结合的反映。

③颔联。意在从马、牛本身特点评述其功用，以点带面说明畜类对人类的贡献。牛在中国文化中是勤劳的象征，世人常以"老黄牛"谓人之任劳任怨、勤奋努力。现今更有为民服务孺子牛、创新发展拓荒牛、艰苦奋斗老黄牛的"三牛"精神之说。

④颈联。畜类是人类的朋友，只要人类善待畜类，养饲得法、医之有效，它们便会对人类的意图心领神会，服务于人。

⑤尾联。意在说明本篇对养饲之法和兽医技术都作了详细的介绍，若能依法行事，就能收到事半功倍的效果。

养羊第五十七① 下平七阳

毡及酥酪、干酪法，收驴马驹、羔、犊法，羊病诸方，并附

汉俗习远酪及羊，幸赖冯元改帝纲。②

农牧兼营功在册，中华儿女智同襄。

文殊旨异别轻重，法备言诚有略详。③

道法自然行必果，取长补短各刚强。

【注释】

①题解。此篇对羊的选种、放牧、修圈、饲料的种植和储藏，调护母羊（牛）和照护羊羔（牛犊），挤奶注意事项，以及防治羊疾病等都作了翔实、生动的介绍。并对养羊获利、制作乳制品技术和注意事项等也有详细记录。其中，关于羊喜欢舔盐的记录，是15世纪以前"有蹄类舔盐"的正式记载。

因此篇篇幅较长，内容庞杂，难以一一言及，故译诗从全局视角重点阐述农牧结合之伟大价值和意义，具体技术则未概括入诗，可参阅《要术》原著了解。

②首联。北魏之前，汉族人不擅也不喜加工、食用牛羊肉、羊奶等动物性产品。"冯元改帝纲"，指北魏时冯太后和孝文帝元宏实施的"太和改制"（史称"孝文帝改革"），鲜卑族的汉化、汉族与少数民族的大融合，对汉夷生产生活产生巨大影响，推进了中国历史的不断发展。在孝文帝改革前，汉族人以农耕为本，改革后，民族融合形成了农牧兼营的局面，极大地推动了我国传统农业结构的调整与发展，具有深远的历史意义和影响。

③颈联。意在说明《要术》此篇内容庞杂，各有所重，各种技术方法齐备，详略也有别，具体可参阅《要术》原文。

养猪第五十八① 下平七阳

养猪史近万年长，掐尾犍割智慧彰。②

母健仔强须仔细，饲糠牧草务时当。③

速肥蒸崽皆称妙，营圈陈污各论详。④

未计生前身后事，凭谁恶语昧心伤?⑤

【注释】

①题解。此篇介绍了猪的选种、修圈、饲养管理，以及猪的犍割、掐尾技术。

②首联。据徐旺生《中国养猪史》，养猪在我国有近万年的历史。《要术》载："初产者，宜煮谷饲之。其子三日便掐尾，六十日后犍（三日掐尾，则不畏风。凡犍猪死者，皆尾风所致耳。犍不截尾，则前大后小。犍者，骨细肉多；不犍者，骨粗肉少。如犍牛法者，无风死之患)。"其中的掐尾与犍（阉割）技术，是我国劳动人民自古以来就在实践中掌握了的成熟技术，是智慧而伟大的发现。

③颔联。写猪的育仔与饲养管理。《要术》载："母猪取短喙无柔毛者良（喙长则牙多；一厢三牙以上则不烦畜，为难肥故。有柔毛者，燖治难净也)。牝者，子母不同圈（子母同圈，喜相聚不食，则死伤)。牡者同圈则无嫌（牡性游荡，若非家生，则喜浪失)。"

又载："春夏草生，随时放牧。糟糠之属，当日别与（糟糠经夏辄败，不中停故)。八、九、十月，放而不饲。所有糟糠，则蓄待穷冬春初（猪性甚便水生之草，耙楼水藻等令近岸，猪则食之，皆肥)。"

④颈联。写猪崽的特殊管理与育肥法。《要术》载："十一、十二月生子豚，一宿，蒸之（蒸法：索笼盛豚，着甑中，微火蒸之，汗出便罢)。不蒸则脑冻不合，不出旬便死（所以然者，豚性脑少，寒盛则不能自暖，故须暖气助之)。"

又载："愁其不肥——共母同圈，粟豆难足——宜埋车轮为食场，散粟豆于内，小豚足食，出入自由，则肥速。"

又载："圈不厌小（圈小则肥疾)。处不厌秽（泥污得避暑)。亦须小厂，以避雨雪。"

⑤尾联。意在说明猪为人类提供了丰富的食用肉，而民间却常有"蠢猪""笨猪"等污蔑性之语，其不怨哉！

养鸡第五十九① 下平七阳

载诗入画意吉祥，宴馔烹之味美香。②
留种饲肥别有法，时宜地适莫失章。③
雌雄分舍饶鸡子，煮炒随心胜粟粱。④
犹报晨鸣天下早，闻之起舞古来倡。⑤

【注释】

①题解。此篇介绍了鸡的选种、饲养，并就如何为鸡提供安全、舒适的栖息地，如何育肥肉食鸡，如何使鸡多生蛋，以及鸡蛋的吃法等，都作了详细的记述。

②首联。意在说明鸡在日常生活中具有重要作用，既是写诗作画中的常用题材，表达了一种吉祥的含义，同时，又是餐饮中的一道美味。

③颔联。写鸡的繁育与育肥、饲养。《要术》载："鸡种，取桑落时生者良（形小，浅毛，脚细短者是也，守窠，少声，善育雏子），春夏生者则不佳（形大，毛羽悦泽，脚粗长者是，游荡饶声，产、乳易厌，既不守窠，则无缘蕃息也）。鸡，春夏雏，二十日内，无令出窠，饲以燥饭（出窠早，不免乌、鸱；与湿饭，则令脐脓也）。鸡栖，宜据地为笼，笼内着栈。虽鸣声不朗，而安稳易肥，又免狐狸之患。"

又载："养鸡令速肥，不耙屋，不暴园，不畏乌、鸱、狐狸法：别筑墙匡，开小门；作小厂，令鸡避雨日。雌雄皆斩去六翮，无令得飞出。常多收秕、稗、胡豆之类以养之；亦作小槽以贮水。荆藩为栖，去地一尺。数扫去屎。凿墙为窠，亦去地一尺。唯冬天着草——不茹则子冻。春夏秋三时则不须，直置土上，任其产、伏；留草则蜫虫生。雏出则着外许，以罩笼之。如鹌鹑大，还内墙匡中。其供食者，又别作墙匡，蒸小麦饲之，三七日便肥大矣。"

④颈联。写鸡的管理与鸡子（鸡蛋）食用之法。《要术》载："取谷产鸡子供常食法：别取雌鸡，勿令与雄相杂，其墙匡、斩翅、荆栖、土窠，一如前法。唯多与谷，令竟冬肥盛，自然谷产矣。一鸡生百余卵，不雏，并食之无咎。饼、炙所须，皆宜用此。"

又载鸡子的两种吃法。"瀹（yuè，煮）鸡子法：打破，泻沸汤中，浮出，即掠取，生熟正得，即加盐醋也。炒鸡子法：打破，着铜铛中，搅令黄白相杂。细擘葱白，下盐米、浑豉，麻油炒之，甚香美。"

⑤尾联。雄鸡具有司晨之功，常为人们所记所铭。另《晋书·祖逖传》有"闻鸡起舞"故事，多比喻志士奋发向上、坚持不懈的精神，自古以来为人们传颂，此处即用此意。

养鹅、鸭第六十^①　下平三肴

鹅鸭喜水亦家巢，饲育棚间卧暖茅。^②

卵伪巧诳窠有序，食饶五谷子足庖。^③

雏出填嗉糜粥进，水浴还笼困险抛。^④

鹅忌活虫鸭尽饲，雪藏红日胜他肴。^⑤

【注释】

①题解。此篇介绍了鹅、鸭的选种、饲养及食用方法，篇中关于盐藏动物性食品——红鸭蛋制作方法的记载，符合现代科学原理。

②首联。写鹅、鸭的习性与饲养。鹅、鸭属涉水之禽，也多家养。《要术》载："欲于厂屋之下作窠（以防猪、犬、狐狸惊恐之害），多著细草于窠中，令暖。"

③颔联。写鹅、鸭的产蛋管理与养饲。《要术》载："先刻白木为卵形，窠别着一枚以诳之（不尔，不肯入窠，喜东西浪生；若独着一窠，复有争窠之患）。生时寻即收取，别着一暖处，以柔细草覆藉之（停置窠中，冻即雏死）。"

又载："鹅初辈生子十余，鸭生数十；后辈皆渐少矣（常足五谷饲之，生子多；不足者，生子少）。"

④颈联。写鹅雏、鸭雏的特殊管理方法。《要术》载："雏既出，别作笼笼之。先以粳米为粥糜，一顿饱食之，名曰'填嗉'（不尔，喜轩虚羌量而死）。然后以粟饭，切苦菜、芜菁英为食。以清水与之；浊则易（不易，泥塞鼻则死）。入水中，不用停久，寻宜驱出（此既水禽，不得水则死；脐未合，久在水中，冷彻亦死）。于笼中高处，敷细草，令寝处其上（雏小，脐未合，不欲冷也）。十五日后，乃出笼（早放者，非直乏力致困，又有寒冷，兼乌鸱灾也）。"

⑤尾联。写鹅、鸭的习性与制作红鸭蛋。《要术》载："鹅唯食五谷、稗子及草、菜，不食生虫。鸭，靡不食矣。水稗实成时，尤是所便，啖此足得肥充。"

"雪藏红日"，指腌制红鸭蛋。《要术》所载的红鸭蛋是以杬（yuán，一种乔木）木皮染色制成的，与现在常见的盐渍咸鸭蛋不一样。《要术》载有"作杬子法"："纯取雌鸭，无令杂雄，足其粟豆，常令肥饱，一鸭便生百卵（俗所谓'谷生'者。此卵既非阴阳合生，虽伏亦不成雏，宜以供膳，幸无麛卵之咎也）。取杬

木皮，净洗细茎，剉，煮取汁。率二斗，及热下盐一升和之。汁极冷，内瓮中（汁热，卵则致败，不堪久停），浸鸭子。一月任食。"

养鱼第六十一① 下平八庚

种莼、藕、莲、芡、芰附

水山谷陆辨分营，鱼菜同收智慧旌。②

八谷九洲池法妙，又别大小混无争。③

朱公致富传佳话，水菜资粮度俭情。④

揆地参天师有道，沉谋穷力必仓盈。⑤

【注释】

①题解。此篇介绍了鱼池的设计和建造，养鱼技术和养鱼的经济效益，还介绍了莼的种植、用途与吃法，以及藕、莲、芡（又名鸡头）、芰（菱）的种植方法，特别强调了这几种水生蔬菜可以用来救荒。

②首联。意在说明我国劳动人民向来根据水、陆、山、谷的不同地理特点进行农业生产，而鱼菜共养同收（与现在的桑基鱼塘、果基鱼塘等农业生产模式原理相同）更显示出我国劳动人民的聪明才智。

③颔联。写挖鱼池方法、放鱼苗量及其效益。贾氏此篇引《陶朱公养鱼经》八谷九洲法："以六亩地为池，池中有九洲。求怀子鲤鱼长三尺者二十头，牡鲤鱼长三尺者四头，以二月上庚日内池中，令水无声，鱼必生。至四月，内一神守；六月，内二神守；八月，内三神守。'神守'者，鳖也。所以内鳖者，鱼满三百六十，则蛟龙为之长，而将鱼飞去；内鳖，则鱼不复去，在池中，周绕九洲无穷，自谓江湖也。至来年二月，得鲤鱼长一尺者一万五千枚，三尺者四万五千枚，二尺者万枚。枚直五十，得钱一百二十五万。至明年，得长一尺者十万枚，长二尺者五万枚，长三尺者五万枚，长四尺者四万枚。留长二尺者二千枚作种。所余皆货，得钱五百一十五万钱。候至明年，不可胜计也。"

④颈联。写鱼池中兼种其他水生植物可备荒。《要术》引《神农本草经》载："莲、菱、芡中米，上品药。食之，安中补藏，养神强志，除百病，益精气，耳目聪明，轻身耐老。多蒸曝，蜜和饵之，长生神仙。"故贾氏认为："多种，俭岁资此，足度荒年。"

⑤尾联。意在说明得自然造化，据地理之异，师天地之道，精于筹谋、勤于经营，就一定能获得丰收。

范蠡曰計然云旱則資車水則資舟物之理

《齊民要術》卷七篇目書影（《四部叢刊》本）

货殖第六十二① 下平一先

卷六农耕事已全，卷七首启货殖篇。②

发家致富思无过，务本求财理未偏。③

但信前文行有法，必收余利去穷渊。④

莫嫌老朽庸言赘，惟愿民安富又贤。

【注释】

①题解。"货"是有价值的物件，包括物质的货物（货）与代表价值的货币（财）；"殖"是增大增多义。"货殖"二字连用，是说有价值的物件的增多，即财富的积累。在此篇中，贾氏从"农本观念"出发，介绍提高农业产品产量、质量的重要性和方法，认为这才是改善大众物质生活、安定社会秩序的根本。因此篇具有概括（前六卷内容）与过渡（卷七）作用，故译诗从大处着眼，从贾氏目视与思考角度作了概括凝练。

②首联。意在说明前六卷已经把农、林、牧、渔诸业介绍完了，从此篇起便是《要术》卷七内容，且本篇为卷七首篇。

③颔联。说明人的致富求财思维是正常的，司马迁曾总结中国自黄帝至汉武帝3 000多年的历史，在《史记·货殖列传》中发出"天下熙熙，皆为利来；天下攘攘，皆为利往"的慨叹，认为"富者，人之情性，所不学而俱欲者也"。"千乘之王，万家之侯，百室之君，尚犹患贫，而况匹夫编户之民乎！"

④颈联。意在说明可以相信《要术》前六卷所载内容，如果勤劳不辍、行之有法就一定会有收获，改变贫穷面貌。《要术》引《汉书》载："丙氏……家，自父兄、子弟约：俯有拾，仰有取。"强调致富在于积累，要做到眼中有物，生活中注意勤俭。

涂瓮第六十三① 下平一先

道器相别各有诠，形而上下论无边。②

器能容物堪识度，道在寻常莫可宣。③

坑火覆熏候炙掌，热脂周转待绝涎。④

水澄日曝宜干用，纵是琼浆也保鲜。⑤

【注释】

①题解。此篇记述了用油脂涂陶瓮防渗透漏水的办法。

②首联。由日常熟悉的"器"与"道"之论入诗。"诠"，解释、说法。"论无边"，指历来对器与道的争论就没有停止过。

③颔联。《道德经》首章开篇有："道可道，非常道；名可名，非常名。"译诗从器、道的性质特点而论，双关人间世事。

④颈联。写涂瓮的方法。《要术》载瓮的涂法："掘地为小圆坑（旁开两道，以引风火），生炭火于坑中，合瓮口于坑上而熏之（火盛喜破，微则难热，务令调适乃佳）。数数以手摸之，热灼人手，便下。泻热脂于瓮中，回转浊流，极令周匝；脂不复渗乃止（牛羊脂为第一好，猪脂亦得。俗人用麻子脂者，误人耳。若脂不浊流，直一遍拭之，亦不免津。俗人釜上蒸瓮者，水气，亦不佳）。""涎"，此处指"脂不复渗"的"脂"。

⑤尾联。《要术》载："以热汤数斗着瓮中，涤荡疏洗之，泻却；满盛冷水。数日，便中用（用时更洗净，日曝令干）。"

造神曲并酒第六十四
女曲在卷九藏瓜中

白醪曲第六十五
皇甫吏部家法

笨曲并酒第六十六

法酒第六十七①

酿法酒，皆用春酒曲。其米、糠、沈、汁、馈、饭，皆不用人及狗鼠食之

其一　作曲②　　下平七阳

玉液琼浆百谷藏，全凭曲力化芬芳。③

先研五谷成齑粉，再选中寅暑月忙。④

好水团曲择密室，吉时颂文保无伤。⑤

十余法备逢七理，收罢遥闻酒骨香。⑥

【注释】

①题解第一。卷七第六十四至第六十七共四篇记载的都是作曲制酒的技术，共载作曲法10余种，制酒法40余种，诗译作了综合处理，按作曲、制酒两个主题综合译诗二首。另，作曲中的"作"为制作义，诗译沿用《要术》原文说法。

②题解第二。《要术》中的作曲内容，涉及神曲、笨曲、白醪曲、女曲等几

类，一般是先言作曲方法，然后再附制酒技术，此处综合 10 余种作曲法而诗译为《作曲》一首。

③首联。说明百谷可酿酒，而酿酒须经酒曲发酵方成。

④颔联。写作曲的环境与时间。《要术》中记载的制作酒曲的时间多为七月。《造神曲并酒第六十四》"又作神曲方"载："以七月中旬以前作曲为上时，亦不必要须寅日；二十日以后作者，曲渐弱。凡屋皆得作，亦不必要须东向开户草屋也。"又《笨曲并酒第六十六》"作颐曲法"载："大凡作曲，七月最良；然七月多忙，无暇及此，且颐曲，然此曲九月作，亦自无嫌。若不营春酒曲者，自可七月中作之。俗人多以七月七日作之。崔寔亦曰：'六月六日，七月七日，可作曲。'""中寅"，指七月中旬的第一个逢寅的日子。

⑤颈联。写作曲方法。《要术》载："团曲之人，皆是童子小儿，亦面向杀地；有污秽者不使。不得令人室近。团曲，当日使讫，不得隔宿。屋用草屋，勿使瓦屋。地须净扫，不得秽恶；勿令湿。……其房欲得板户，密泥涂之，勿令风入。"同时，又载有完整的祝颂文，这是古代酿酒颂文的最早记录，此处略引，可参阅《要术》原著。

⑥尾联。"十余法备"，指《要术》共列造曲法 10 余种。"逢七理"，指大多在七月作曲。"曲"被誉为酒之骨，故译诗言"收罢遥闻酒骨香"。

其二 制酒① 下平七阳

骨就还须血肉强，浸蒸酘米水相当。②

米参曲饼依次入，时境温湿务守章。③

血赖碧溪澄脉络，肉资百谷透芬芳。④

四十余法从君意，必奉尊前满碗香。⑤

【注释】

①题解。第六十四至第六十七共四篇均记有制酒技术，综合共载有 40 余种制酒技术方法，诗译综为《制酒》一首。寿光人传承《要术》作曲制酒工艺，建有山东寿光齐民思酒业有限责任公司和山东宏源酒业有限公司两家具有地方特色的制酒企业，两公司生产的"齐民思酒""宏源酒"已成为山东地区知名的酒水品牌。

②首联。制酒行业中有"水为酒之血，曲为酒之骨，粮为酒之肉"的说法，上句诗（联）意即此。下句（联）说的是制酒环节，先浸曲令发，《要术》"渍曲法"载："但候曲香沫起，便下酿。"然后洗米令净、蒸米令熟，即"必令均熟，勿使坚刚、生、减也"，再酘米令消、和水令融。《要术》载："淘米及炊釜中水、为酒之具有所洗浣者，悉用河水佳也。""酘"，指将煮熟或蒸熟的饭粒作为发酵材料，投入曲液中。

③颔联。强调米、曲用量及温度控制。"米参曲饼"，指用米量要参考曲的用量，依次酘入。"时境温湿"，指制酒的时间（季节）、环境、温度、湿度都必须要掌握好。

④颈联。写制曲用水。"血赖碧溪"，指制酒用水以河水为第一，《要术》"收水法"载："河水第一好；远河者取极甘井水，小咸则不佳。"在古代，河水是几乎没有污染的，类似于今之泉水，水质好，是酿酒用水的第一选择。

⑤尾联。"四十余法"，指 40 余种具体的制酒技术方法，引文略，可参阅《要术》原著。

黃衣黃蒸及蘗第六十八　黃衣一名麥䴷

作黃衣法

六月中取小麥淨淘訖於甕中以水浸之令醋漉出熱蒸之樋箔上敷席置麥於上攤去雜草令無令厚二寸許有水露者去胡枲葉薄覆之七日看黃衣色足便出曝之凡有所造皆仰其衣為勢令反颺去之作醬者省

作用麥䴷者皆仰其衣為勢令反颺去之作物火不善美

氣候麥冷以胡枲葉覆之令帶濕勿令大燥燥則

而已慎勿颺撥齊人喜當風颺去黃衣此大謬也

預前一日刈蕑葉薄覆蕑葉之

作黃蒸法

六七月中唼生小麥細磨之以水溲而蒸之氣餾好熟便下之攤令冷布置覆蓋成就一如麥䴷法

亦勿甌預其兩擿

齊民要術卷第八

後魏高陽太守賈　思勰　撰

《齊民要術》卷八篇目書影（《四部叢刊》本）

黄衣、黄蒸及糵第六十八①　　下平八庚

黄衣一名麦䴷

毕竟粮余酿酒成，寻常巷陌少经营。②

卷八细录厨间事，只盼农家未逊卿。③

制酱熬糖曲必备，催衣成糵麦当征。④

前贤尚信食为首，天下谁人可断羹？

【注释】

①题解。此篇记述了黄衣、黄蒸的制作技术，黄衣、黄蒸是古代制酱不可或缺的发酵原料。黄衣又名麦䴷（huàn），是用整粒小麦制作的酱曲；黄蒸是用带麸皮的麦粉制作的酱曲。

②首联。粮不足食无以为酿，只有粮余方可为酿。因此，在古代社会一般百姓家庭中对酒是少有经营的。

③颈联。《要术》卷八介绍了酱、醋、豉的酿造及食品加工和烹调方面的技术经验，各具特色。这也反映和体现出贾氏"要在安民，富而教之"的理想。

④颔联。古代制酱、制糖需要先取得曲菌，在曲菌的糖化和水解蛋白质作用下实现。《要术》载黄衣、黄蒸的制作原料除小麦为主外，还有薍（wàn，初生之荻）叶、胡枲等辅助原料；此外，贾氏还记载了制白、黑饴糖的"作糵法"。糵的制作原料以小麦为主，还可用大麦，《要术》载："欲令饧如琥珀色者，以大麦为其糵。"

常满盐、花盐第六十九^①　下平七阳

百味资盐个性扬，夙沙煮海在吾乡。^②

灶棚排阵人集蚁，舟马分流令入仓。^③

收劣存粗足任用，提纯去秽有良方。^④

官营山海民何惧，滋味全凭妙手彰。^⑤

【注释】

①题解。此篇介绍了古代获取纯净食盐的方法。"常满盐"是用"白盐，甘水"制成饱和溶液，再煮干或晒干而成的盐。"花盐"和"印盐"则是沉淀澄清后晒干精制而成。本篇记载的制盐法背后蕴含着物理、化学上许多复杂的理论与技术知识，反映了当时我国劳动人民通过实践，已经摸索出一套获取纯净食用盐的有效办法。

②首联。盐被誉为"百味之祖"，是生活中必不可少的调味料之一。《中国盐业志》载："世界制盐莫先于中国，中国制盐莫先于山东。"《世本》载："宿沙作煮盐。"相传，上古时期夙沙氏部落即生活在渤海南岸的寿光一带，因"煮海为盐"而成为中国盐文化肇始。《尚书·禹贡》也载："海岱惟青州。嵎夷既略，潍、淄既道。厥土白坟，海滨广斥。……厥贡盐絺，海物惟错。"《管子·地数》也有"齐有渠展之盐"和"君伐菹薪，煮沸水为盐"的记载。2003年，在山东省寿光市双王城生态经济发展中心周围发掘出了商周时期的盐业遗址群，遗址群保留了古代完整的制盐作坊、蒸发池、盐井、盔型器等实物资料，其生产流程完整，遗址面积大，2008年被评为全国十大考古新发现之一。2012年，寿光被中国海盐协会授予"中国海盐之都"称号。2013年5月，寿光卤水制盐技艺入选山东省第三批非物质文化遗产名录；2014年11月，入选第四批国家级非物质文化遗产代表性项目名录。"吾乡"，指贾氏家乡——寿光。

③颔联。据《寿光县志》载，西汉景帝中元二年（前148）始置寿光县，在沿海即设盐官，秩级与县官相同。北魏时，寿光有盐灶500余处。元世祖至元年间（1264—1294），"山东所隶之场，凡一十有九"，寿光的官台场为其一，"四际围之二百余里"，规模居山东首位，现尚存有刻于至治三年（1323）的《创修公廨之

记》碑，是中国千年官盐体制的实证。清光绪十三年（1887）至十六年，山东登莱青兵备道兼烟台东海关监督盛宣怀为便利海盐运销，疏通自济南黄台桥到寿光羊角沟海口的小清河，畅通了寿光海盐水路运输，形成了运销全国的水路、陆路通道。

　　④颈联。贾氏在此篇中详细记载了常满盐（细盐）、花盐（精细食用盐）、印盐（大粒盐）的制作方法，可参阅《要术》原著，此处略。

　　⑤尾联。"海王之国，谨正盐策"（《管子·海王》）是我国盐业史上的一次革命，政府推行了对山海资源垄断专营的"官山海"政策，盐业生产始征税赋。

作酱法第七十①　　上平一东

制酱吉时岁首终，曲和豆肉九途通。②

外兼五法堪择用，味美无输众酱中。③

须记盐时合有度，莫教曲料乱成空。④

有心别佐登盘里，纵是神仙也赤瞳。⑤

【注释】

①题解。此篇介绍了豆酱、肉酱、鱼酱、虾酱等9种酱的制作方法和5种近似酱的美味，记述详尽，可操作性强。《要术》此篇是我国现存最早的制酱法记录。

②首联。写制酱的时间与原材料。《要术》载："十二月、正月为上时，二月为中时，三月为下时。""吉时岁首终"，正月为岁首，十二月为岁终，这两个月都是制酱的上时。制酱的原料首先是曲，然后是大豆及肉类、鱼、虾等辅料。"九途"，指9种制酱方法。

③颔联。写5种特殊的类似酱的食物的制作方法。"五法"，指贾氏在此篇中记载的燥脡（shān）、生脡、鲦鮧、藏蟹（《要术》载有两种方法）的制作技术，依此制作的美味不输于诸酱。

④颈联。意在说明制酱的技术要求。制作酱类用盐量和酵藏时间各有其度，不可违量违时，同时还要注意曲及各种原料的量要适度。引文略，可参阅《要术》中关于各种酱的制作方法。

⑤尾联。意在言酱成之后可登盘佐餐，其鲜美程度令人羡慕，就是神仙见了也眼红。

作酢法第七十一① 下平七阳

古贵今廉醋事长，若非智慧岂闻香。②

精择亲证言无赘，廿有三别四类方。③

曲酒化醯称正统，酸菌转醋谓寻常。④

莫嫌农舍乏滋味，力践恒心梦亦芳。

【注释】

①题解。醋是日常生活中的常用佐料，《要术》此篇共记载了23种做醋的方法。

②首联。石声汉先生认为，用糵或曲使炊熟的粮食起酒精作用发酵后，再借醋酸菌的生物性将酒精氧化成醋酸，是传统意义上最初的"正统"做醋方法，古代称之为"醯"（xǐ），醯很珍贵，一般烹调时很少用，烹调时多用盐藏的梅子。

③颔联。上句（联）的"亲证言无赘"，指贾氏在"卒成苦酒法"中载："已尝经试，直醋亦不美。以粟米饭一斗投之，二七日后，清澄美酽，与大醋不殊也。"这反映出贾氏对各种醋的做法应该有过亲自的尝试和调整，也正符合贾氏在自序中所言的"验之行事"。下句（联）意在说明此篇载有做醋法23种，可分为四大类：一类是传统的"正统"做法；一类是利用动酒（酿酒不成而变酸者）和酒糟作为材料制醋；一类是用乌梅泡水制成酸汁"醋"；一类是用蜂蜜作为材料制醋。

④颈联。参阅首联注释中石声汉先生的观点。醋酸菌将酒精氧化成醋酸是微生物作用的自然现象，古人不了解微生物知识，故以为"贵"，实属一般规律。

作豉法第七十二^①　下平八庚

豉入餐肴史有名，技详文备我先声。^②

撷此四法足堪任，君可依之待豉成。^③

时地豆温须谨慎，煮藏衣曝必澄清。^④

淡咸随便从人意，更奉别香麦豉羹。^⑤

【注释】

①题解。此篇贾氏共介绍了 4 种做豉方法，包括大批量做淡豆豉的方法（场地、时间、选豆及具体操作程序等）、小规模做豆豉的方法和"麦豉"制作方法等，特别强调了调控温度的重要性及方式。

②首联。石声汉先生认为，制作豆豉在我国西汉初年时就已经很普遍，《史记》中将蘖、曲、盐、豉相连就是证明，但对做豉方法的明确、详细记载以《要术》为最早，"我先声"即为此义。

③颔联。意在说明《要术》此篇记载了 4 种做豉的方法，可以依之制作豆豉。

④颈联。强调做豉的技术要领。《要术》"作豉法"载："先作暖荫屋，坎地深三二尺。屋必以草盖，瓦则不佳。密泥塞屋牖，无令风及虫鼠入也。开小户，仅得容人出入。厚作藁篱以闭户。"又载："用陈豆弥好；新豆尚湿，生熟难均故也。净扬簸，大釜煮之，申舒如饲牛豆，掐软便止；伤熟则豉烂。漉着净地摊之，冬宜小暖，夏须极冷，乃内荫屋中聚置。一日再入，以手刺豆堆中候看：如人腋下暖，便须翻之。翻法：以杷枚略取堆里冷豆为新堆之心，以次更略，乃至于尽。冷者自然在内，暖者自然居外。还作尖堆，勿令婆陀。一日再候，中暖更翻，还如前法作尖堆。若热汤人手者，即为失节伤热矣。凡四五度翻，内外均暖，微着白衣，于新翻讫时，便小拨峰头令平，团团如车轮，豆轮厚二尺许乃止。复以手候，暖则还翻。翻讫，以杷平豆，令渐薄，厚一尺五寸许。第三翻，一尺。第四翻，厚六寸。豆便内外均暖，悉着白衣，豉为粗定。从此以后，乃生黄衣。"

"扬簸讫，以大瓮盛半瓮水，内豆着瓮中，以杷急抨之使净。若初煮豆伤熟者，急手抨净即漉出；若初煮豆微生，则抨净宜小停之。使豆小软则难熟，太软则豉烂。水多则难净，是以正须半瓮尔。漉出，着筐中，令半筐许，一人捉筐，一人更汲水于瓮上就筐中淋之，急斗擞筐，令极净，水清乃止。淘不净，令豉苦。漉水尽，委着席上。"

⑤尾联。上句（联）中的"淡咸随便"，指《要术》所载淡豆豉和咸豆豉两种豉类制作方法，可任意依法制作。下句（联）指贾氏在文中还列有"作麦豉法"，引文从略，可参阅《要术》原文。

八和齑第七十三^①　下平八庚

美味从来未厌精，食材调料必同行。^②

八和成齑无奇术，器巧材良技欲明。^③

芥子捣研堪做酱，鲤鱼脍片可食生。^④

适时采韭花成味，亦助农家去寡清。^⑤

【注释】

①题解。此篇从工具、8 种备料准备与注意事项，到加工程序，详细记述了古代独特的调味品——八和齑的制作技术。此外还介绍了做鱼脍的注意事项及两种芥子酱的做法。

②首联。上句（联）化用《论语·乡党》"齐必变食，居必迁坐。食不厌精，脍不厌细"之言；下句（联）强调食材和烹饪所用调料是制作美味的必需品，否则难以成其味。

③颔联。《要术》载八和齑的制作材料主要包括"蒜一，姜二，橘三，白梅四，熟栗黄五，粳米饭六，盐七，酢八"。对工具要求载："齑臼欲重（不则倾动起尘，蒜复跳出也），底欲平宽而圆（底尖捣不着，则蒜有粗成）。以檀木为齑杵臼（檀木硬而不染汗）。杵头大小，令与臼底相安可（杵头着处广者，省手力，而齑易熟，蒜复不跳也），杵长四尺（入臼七八寸圆之；以上，八棱作）。"对操作技术载："平立，急舂之（舂缓则荤臭。久则易人。春韲宜久熟，不可仓卒。久坐疲倦，动则尘起；又辛气荤灼，挥汗或能洒污，是以须立舂之）。蒜：净剥，掐去强根；不去则苦。尝经渡水者，蒜味甜美，剥即用；未尝渡水者，宜以鱼眼汤㵉半许半生用。朝歌大蒜，辛辣异常，宜分破去心——全心——用之，不然辣则失其食味也。"其他食材处理方式、详细操作技术和注意事项也有载录，此略之，可参阅《要术》原文。

④颈联。《要术》"作芥子酱法"载："先曝芥子令干；湿则用不密也。净淘沙，研令极熟。多作者，可礁捣，下绢筛，然后水和，更研之也。令悉着盆，合着扫帚上少时，杀其苦气——多停则令无复辛味矣，不停则太辛苦。抟作丸，大如李，或饼子，任在人意也。复曝干。然后盛以绢囊，沉之于美酱中，须则

取食。"

又载："脍鱼肉，里长一尺者第一好；大则皮厚骨硬，不任食，止可作鲊鱼耳。切脍人，虽讫亦不得洗手，洗手则脍湿；要待食罢，然后洗也（洗手则脍湿，物有自然相厌，盖亦'烧穰杀瓠'之流，其理难彰矣）。"由此可知，生鱼片非他国之属，我国古人早已有着精细食用之法。

⑤尾联。贾氏引崔寔言："八月，收韭菁，作捣齑。"韭花齑（酱）可以长时间存放，在古代蔬菜生产技术不高的情况下，能在食物不充足时作为补充，增加生活滋味。

作鱼鲊第七十四^① 下平三肴

鱼鲊堪食或酒肴，无非盐糁并其庖。^②

味单和酒调香料，脏炙皆宜便任炮。^③

七法随君凭意取，一方但豕就他淆。^④

岁中日月何能尔？莫过春秋两季姣。^⑤

【注释】

①题解。此篇收录了 7 种做鱼鲊的方法和 1 种做猪肉鲊的方法。鲊，一种用米饭加盐腌制的块鱼。用相同的方法腌制肉类，也可以叫"鲊"。

②首联。写鲊的用途和做法。"庖"，烹调。《要术》载："酒、食俱入。酥涂火炙特精；脏之尤美也。""脏"（zhēng），煎煮。

又载鱼鲊做法："取新鲤鱼（鱼唯大为佳。瘦鱼弥胜，肥者虽美而不耐久。肉长尺半以上，皮骨坚硬，不任为脍者，皆堪为鲊也），去鳞讫，则脔。脔形长二寸，广一寸，厚五分，皆使脔别有皮（脔大者，外以过熟伤醋，不成任食；中始可噉；近骨上，生腥不堪食：常三分收一耳。脔小则均熟。寸数者，大率言耳，亦不可要。然脊骨宜方斩，其肉厚处薄收皮；肉薄处，小复厚取皮。脔别斩过，皆使有皮，不宜令有无皮脔也）。手掷着盆水中，浸洗去血。脔讫，漉出，更于清水中净洗。漉着盘中，以白盐散之。盛着笼中，平板石上迮去水（世名'逐水'。盐水不尽，令鲊脔烂。经宿迮之，亦无嫌也）。水尽，炙一片，尝咸淡（淡则更以盐和糁；咸则空下糁，不复以盐按之）。炊秔米饭为糁（饭欲刚，不宜弱；弱则烂鲊），并茱萸、橘皮、好酒，于盆中合和之（搅令糁着鱼乃佳。茱萸全用，橘皮细切：并取香气，不求多也。无橘皮，草橘子亦得用。酒，辟诸邪恶，令鲊美而速熟。率一斗鲊，用酒半升；恶酒不用）。"

③颔联。参阅首联注释引文。"炮"，烧、烤、烹调。

④颈联。"七法"，指此篇贾氏所列七种鱼鲊做法。"一方"，指《要术》所载"作猪肉鲊法"。《要术》载猪肉鲊熟后"蒜、齑、姜、酢，任意所便。脏之尤美，炙之珍好"。"就他淆"，指猪肉鲊可与蒜、齑、姜、醋混合食用。

⑤尾联。写鲊的制作时间。《要术》载："凡作鲊，春秋为时，冬夏不佳（寒时难熟。热则非咸不成，咸复无叶，兼生蛆；宜作裹鲊也）。""姣"，好、适宜。

脯腊第七十五^①　　下平七阳

脯腊之食古已昌，寻咸就淡借风藏。^②

家禽野味浑能用，净卤候干即可尝。^③

窍脂全除须谨记，酒食两便任无妨。^④

若非辛苦多营力，恐有时艰抱恨长。

【注释】

①题解。此篇记述了用盐腌或风干等7种制作脯腊保存肉类的办法。

②首联。石声汉先生认为，"脯"与"腊"是我国史前就有的保存肉类食品的古老办法。脯腊有咸、淡之分，一般通过风干储存。

③颔联。《要术》"作五味脯法"载："用牛、羊、獐、鹿、野猪、家猪肉。或作条，或作片罢（凡破肉，皆须顺理，不用斜断）。各自别捶牛羊骨令碎，熟煮取汁，掠去浮沫，停之使清。取香美豉（别以冷水淘去尘秽），用骨汁煮豉，色足味调，漉去滓。待冷，下：盐（适口而已，勿使过咸）。"

④颈联。《要术》"五味腊法"载："用鹅、雁、鸡、鸭、鸧、鸹、凫、雉、兔、鹌鹑、生鱼，皆得作。乃净治，去腥窍及翠上'脂瓶'（留脂瓶则臊也）。全浸，勿四破。""腥窍"，即动物的生殖腔；"脂瓶"，即动物尾上的脂腺，是腥臊集中的地方。

《要术》又载"（甜脆脯）脆如凌雪"，"（脆腊）甜脆殊常"，"（鳢鱼脯）过饭下酒，极是珍美也"。

羹臛法第七十六^① 上平十二文

羹臛俗从用料分，菜多为羹臛多荤。^②

汉夷之术随君意，廿九全席必少闻。^③

工序诚繁无秘密，食材但广有陶欣。^④

米汁勾芡称绝妙，更喜今庖信古云。^⑤

【注释】

①题解。此篇记录了 29 种烹饪羹臛的方法，选材多样，配料丰富、讲究，制作方法多用煮、炖，有时也炸或炒。

②首联。写羹臛之别。王逸注《楚辞·招魂》有"有菜曰羹，无菜曰臛"之言，一般认为，羹是用肉（或肉菜相杂）调和五味做的有浓汁的食物，臛则是肉羹。

③颔联。意在说明汉民族食俗多菜，少数民族食俗多肉。羹臛做法、食材有些许差别，此篇所录 29 种羹臛做法可随意选用，但全席皆为 29 种羹臛的情况是罕见的。

④颈联。《要术》记载做羹臛的程序非常繁杂、讲究，食材也很广泛，人们可根据自己的条件和喜好选取食材，根据公开而非"秘密"的技术方法做自己喜欢的羹臛。限于篇幅，各种羹臛的做法略之，可参阅《要术》原著。

⑤尾联。此篇"醋菹鹅鸭羹"记有"与豉汁、米汁"，"鳢鱼臛"也记载了"豉汁与鱼，俱下水中。与研米汁"等做法，这里的"米汁"指碎米的汁，就是把米研碎后和水调成米汁，与今烹饪中的"勾芡"技术相似。

蒸缹法第七十七^①　　上平七虞

蒸缹无非器水殊，汽蒸缹煮自分衢。^②

缹蒸就谱足堪任，倘有别材亦可驱。^③

胡炮术从他处引，悬熟法自我家输。^④

寻常未必非无用，但有经营抑变姝。

【注释】

①题解。此篇介绍了 10 余种主要用蒸或煮的办法烹饪的菜肴，其食材除猪、羊、鱼、鸡、鹅外，还有熊和藕。烹调精细，配料讲究，反映出我国当时正处于农耕文明与游牧文明交融、民族大融合的历史阶段。

②首联。写蒸与缹的区别。石声汉先生认为，"蒸"是利用水蒸气加温，使食物变热、变熟；而"缹"（fǒu）则是将食物放在陶器中用小火慢煮。

③颔联。"驱"，驱使、选择，指可依此 10 余种方法烹饪。

④颈联。《要术》此篇记载了一种源于少数民族的特色烹饪技法——"胡炮肉法"："肥白羊肉——生始周年者，杀，则生缕切如细菜，脂亦切。着浑豉、盐、擘葱白、姜、椒、荜拨、胡椒，令调适。净洗羊肚，翻之。以切肉脂内于肚中，以向满为限，缝合。作浪中坑，火烧使赤，却灰火。内肚着坑中，还以灰火覆之，于上更燃火，炊一石米顷，便熟。香美异常，非煮、炙之例。""他处引"，即从少数民族聚居地引进而来。

下联，缪启愉先生认为"作悬熟法"非引自《食经》，是贾氏之文，译诗取此，故言"自我家输"，"输"，创制、输出义。石声汉先生对此存疑。引文略，参阅《要术》原文。

脏、腤、煎、消法第七十八^① 上平四支

四法农家惯用之，迄今依旧乐无疲。^②

脏八腤六煎消附，合计一七略备兹。^③

温适料全工尚细，肉熟汁当味求滋。^④

善材还待良庖手，纵是寻常也化奇。

【注释】

①题解。此篇介绍了用脏、腤、煎、消制作10余种肉类菜肴的方法，有的至今仍沿用。

②首联。石声汉先生认为，脏根据《要术》解释应是《字林》所说的"杂肴"，即鱼鲜与其他肉类或鸡蛋同煮成的汤，或《玉篇》所说的"酸鱼汤"，相当于现在的"烩菜"。腤（ān）：煮，即肉类煮熟后，另外加汤。煎：用油炸。消："细研熬"，即研碎调和后，加油炒熟，似今炸酱面用的炸酱。从现实情况来看，这四种烹饪方法至今仍为农家常用。

③颔联。指《要术》此篇记载了脏法八种，腤法六种，煎、消之法记于前两法之后，四类烹饪方法共计17种技法，可详参《要术》原著。

④颈联。写烹饪的温度、用料、刀工等。从此篇的记载看，各种菜肴主要食材和辅佐的配料多，对烹饪温度要求准，切、到、洗等工序要求精确。引文略，可详参《要术》原著。

菹绿第七十九① 下平七阳

菹绿之烹各有长，无非菜肉料相彰。②
三菹一绿详分列，依法行来满口香。③
当信红烧从绿肉，莫疑蝉脯去菹方。④
乳猪烹理非今事，我记拙文录两纲。⑤

【注释】

①题解。此篇介绍了四种菜肴（菹绿）的做法，此外，还介绍了两种乳猪的烹饪方法（即尾联所谓"两纲"）。此篇的"菹"是指在肉中加酸菜或醋做成菜肴的烹调方法，与卷九第八十八篇《作菹、藏生菜法》中保藏蔬菜的"菹"法含义不同。

②首联。参阅题解中关于"菹"法的解释。

③颔联。此篇介绍了三种菹法，一种绿肉法（"绿肉"即切肉），介绍详细，引文从略，可参阅《要术》原文。

④颈联。笔者认为《要术》所载"绿肉法"类似今之烹饪红烧肉。"用猪、鸡、鸭肉，方寸准，熬之。与盐、豉汁煮之。葱、姜、橘、胡芹、小蒜，细切与之。下醋。切肉名曰'绿肉'，猪、鸡名曰'酸'。"

《要术》此篇引《食经》"蝉脯菹法"："捶之，火炙令熟。细擘，下酢。又云：'蒸之。细切香菜置上。'又云：'下沸汤中，即出，擘，如上香菜蓼法。'""莫疑蝉脯去菹方"，指不要怀疑蝉脯不能用菹法烹饪。"去"，远离、离开义。笔者观察到此法在当今贾氏家乡仍有使用，乡人多谓蝉未蜕变前的幼虫为仙家猴、捷留追，蜕变后的蝉俗称"捷留（溜）"。笔者穿凿附会以供批评：蝉的幼虫多于夜间似猴般攀缘于树干之上蜕变，有如神话中善于变化的神仙，是谓仙家猴；又因其蜕变速度快、用时短，若想捕获食用，需及时，是谓"捷"，捷者，快也。人们常喜欢在其蜕变前捡拾幼虫处理入餐，是谓捕之而"留"，欲捕食则需"追"之于未蜕变之前。幼虫蜕变为成虫后，有鸣者、有哑然者，皆喜攀于树之高枝之上，人若撼树而枝摇则必迅飞而去，是谓"捷溜"。贾氏家乡食法为：将蝉蜕变前的幼虫炙熟、捣碎，加香菜、熟油拌食，香美无比。贾氏在《要术》卷一《种谷第三》中注云："今世粟名，多以人姓字为名目，亦有观形立名，亦有会义为称，聊复载之云耳。"贾氏家乡关于蝉成虫及幼虫的命名，大有"观形立名""会义为称"的意味。

⑤尾联。《要术》载有"酸豚法"："用乳下豚。燖治讫，并骨斩脔之，令片别带皮。细切葱白，豉汁炒之，香，微下水，烂煮为佳。下粳米为糁，细擘葱白，并豉汁下之。熟，下椒、醋，大美。""酸豚法"与今之烤整头乳猪有所区别。"我"，指贾氏。"录两纲"，指贾氏此篇记载了"白瀹豚法"和"酸豚法"两种乳猪的烹饪方法。

作菹并藏生菜第八十八

餳餔第八十九

煮膠第九十

筆墨第九十一

灸法第八十

灸豘法

用乳下豘極肥者豫挦治一如煮法
楷洗刮削令極淨小開腹去五藏又淨洗以
茅茹腹令滿柞木穿緩火遙灸急轉勿住使轉常
而不而則清酒數塗以發色色足便止取新豬膏極白
漏燋也

齊民要術卷第九

　後魏高陽太守賈

炙法第八十

脾奧糟苞第八十一

餅法第八十二

飱飯第八十三

葅菉笋第八十四

醴酪第八十五

飧飯第八十六

素食第八十七

《齐民要术》卷九篇目书影（《四部丛刊》本）

炙法第八十①　　下平二萧

莫讥我辈口舌刁，族众习多必有骄。②

炙法原推他域盛，舶来中土竟成潮。③

廿例法备随人意，五类方齐任尔挑。④

烧烤非兹今日始，岂能废古枉称娇。⑤

【注释】

①题解。此篇记述了 20 余种炙烤肉、鱼、贝类食物的烹饪方法，但又不全是直接在火上烤的，有在肉汤中烫熟的，有用油煎的，有放在铁锅上烙的，也有裹在竹筒上烤的。

②首联。意在说明中华民族是由 56 个民族组成的大家庭，民族不同必会有不同的生活习俗，其中一定有值得各民族骄傲的对象。

③颔联。"炙法"，依本篇所言，是少数民族偏好的饮食习惯。"他域"，指少数民族聚居区。"舶来"，指南北朝的民族大融合史实，在汉族与少数民族文化交融的背景下，各民族的生活习俗受到相互影响。

④颈联。意在说明本篇所载炙法有 20 多种，可分为题解中提及的五类。具体技术方法可参阅《要术》原文，此处略引。

⑤尾联。意在说明烧烤习俗历史悠久，应当尊重历史事实，不能厚今薄古。

作脾、奥、糟、苞第八十一① 下平七阳

古时肉贵更难藏，酱奥糟苞世誉良。②

还有四脎堪效法，妙推悬井保鲜长。③

若寻肉冻源何处，劝就脎食觅本纲。④

物力维艰君且记，一粥一饭尽沧桑。

【注释】

①题解。此篇介绍了多种加工制作肉类食物的方法。"作脾肉"是制作带骨头的肉酱。"作奥肉"是先用水加猪油煮猪肉，再将其浸泡在猪油中藏于瓮内，以备随时取用。"作糟肉"是用酒糟加盐腌肉，以期较长久地保存肉的方法。"苞肉"是用草包泥封的淡风肉。这些古老的肉类加工方法，有的直到今天还依然为人们所用。

②首联。在古代，因为人们的养殖技术不高，肉类是非常珍贵的，肉的储存更是一件难事。下联之意参阅题解内容。

③颔联。《要术》引《食经》载"犬脎法"（一种）、"苞脎法"（三种）共四种脎（zhé）法。

"苞脎法"载："用牛、鹿头，肫蹄，白煮。柳叶细切，择去耳、口、鼻、舌，又去恶者，蒸之。别切猪蹄——蒸熟，方寸切——熟鸡鸭卵、姜、椒、橘皮、盐，就甋中和之，仍复蒸之，令极烂熟。一升肉，可与三鸭子，别复蒸令软。以苞之：用散茅为束附之，相连必致令裹。大如靴雍，小如人脚踵肠。大，长二尺；小，长尺半。大木迮之，令平正，唯重为佳。冬则不入水。夏作，小者不迮，用小板挟之：一处与板两重，都有四板，以绳通体缠之，两头与楔楔之二板之间；楔宜长薄，令中交度，如楔车轴法，强打不容则止。悬井中，去水一尺许。若急待，内水中。用时去上白皮。名曰'水脎'。"

脎法，是利用骨和皮的胶原，在热水中溶出成为胶，冷了，成了胶冻；再加上鸡蛋、鸭蛋所含蛋白质遇热变性后所生凝块的凝附力，把碎肉聚合起来；然后再压紧或裹紧，成为一块可以薄切成片的肉。笔者认为脎与现在的肉冻非常相似，故颈联所言其意也在此。

④颈联。可参阅颔联注释。

饼法第八十二^①　　下平七阳

面食自古美名扬，荤素干湿任主张。^②

尔道寻常何所怪，未知无磨梦空翔。^③

天仁泽重非殊目，人惰功微必异彰。^④

古法广传钟我意，岁吉廪满谷飘香。^⑤

【注释】

①题解。此篇介绍了10余种淀粉食品的制作方法，其原料有面粉、米粉等。"饼"，在古代是面食的通称。本篇所载有些食品现在仍然广泛流行（与《要术》所载之名有变化），如糁子、馄饨、面条等。

②首联。据《中国农业百科全书·农业历史卷》所载，前4世纪，我国已使用脱粒工具连枷，出现粉碎加工工具石圆磨；前1世纪，已出现用于谷物脱壳的加工工具碓；265—420年，出现利用凸轮转动和以水为动力的连碓及连转磨；5世纪，创制出水碾和水磨。面食种类也随之呈现出多样化的趋势。

③颔联。参阅首联注释。

④颈联。上天施人以泽惠是没有偏向的，但人却会因为勤惰而造成不同的结果，意在劝人勤奋。

⑤尾联。以贾氏口吻观当今生活，并表达贾氏对"岁吉廪满"的美好期盼。可参阅题解，各种面食的具体制作技术可参阅《要术》原文。

粽䊣法第八十三① 下平七阳

莫道端午粽飘香，我辈食来另有章。②

端午寒食还夏至，但合天地与人纲。③

古今技法差别小，新旧风俗爱恨长。④

文短堪识真智慧，物微每见价无疆。

【注释】

①题解。此篇介绍的粽是黍米或稻米加粟米做成的一种叶裹绳缚的食物，相当于现代的粽子；在古代，粽是端午和夏至两个节日的食品。当时人们已知用淳浓草木灰（即加碱）煮粽，能令其烂熟。䊣（yè），是糯米粉拌水、蜜，加上枣、栗等果肉再裹起来蒸的粽子一类的食物。

②首联。写食粽的来历。《要术》引西晋周处《风土记》载："俗先以二节一日，用菰叶裹黍米，以淳浓灰汁煮之，令烂熟，于五月五日、夏至啖之。"说明古人食粽非仅端午。

③颔联。端午食粽，世传为纪念战国时期的爱国诗人屈原；寒食，相传是为纪念春秋时期晋国忠臣介子推，后世发展中逐渐增加了祭扫、踏青、秋千、蹴鞠等风俗。这两个节日的设立，一方面体现了人们对伟人、贤臣、先人的纪念，合乎人世之情；另一方面，特别是寒食节，也是人们顺应天道，踏青赏春，感受春回大地、万物复苏的好时节。

④颈联。从《要术》记载看，古今制作粽的技法差别不大，只是随着人们的喜好有所取舍变化而已。具体制作技术可参阅《要术》原文，此处略引。

煮糗第八十四① 下平八庚

此篇后世甚难明，恨我文粗意未清。②

毕竟千年多变化，人间烟火几峥嵘。③

但凭宿客寻时礼，可就宵羹看盛情。④

疑窦何须强理论，是非自任在君评。

【注释】

①此篇介绍了糗粏的做法和吃法。石声汉先生认为此篇到处是谜，只能多加揣测，很难作出具体合理的解释。

②首联。参阅题解。"我"，以贾氏身份而言。

③颔联。意在说明人世更迭，或物是人非，或书是物非，皆天之道，人世间烟火从未有断，古往今来的事又有多少是可以说得清的呢？

④颈联。从《要术》记载来看，北魏时期当有客人来家晚宿时，主家应当为客人准备夜宵。人们可以从主家待客做的夜宵情况来评价主人的热情程度。《要术》引《食次》中的谚语"宿客足，作糗粏"，意为给宿客做"宵夜"用。缪启愉先生认为《食次》为南方人著，南音足，粏叶韵，当读作 tuò。"时礼"，指此时南方人待宿客之道。"寻"，按义。

醴酪第八十五① 下平九青

题虽醴酪体分庭，故事疑为诸法钉。②

粥麦寄思如眷念，绵绵未尽入沧溟。

先营良器求精净，后理材温务慎灵。③

罢了劝君宜放胆，须知情甚易拘图。④

【注释】

①题解。此篇介绍了醴（原指甜米酒，篇中指糖）和杏酪粥的做法，并未介绍乳酪的制作方法。同时，还记载了处理铁锅，使之不变黑的方法。

②首联。如题解所言，诗题与内容有偏差。笔者认为篇首记载的介子推的故事是文中食物制作的核心主旨。《要术》记载百姓在介子推忌日"为之断火，煮醴酪而食之，名曰'寒食'，盖清明节前一日是也。中国流行，遂为常俗"。又注云："然麦粥自可御暑，不必要在寒食。世有能此粥者，聊复录耳。"可知贾氏重点在记此"麦粥"做法，且"煮杏酪粥法"中也载有"如上治釜讫"，贾氏未记在杏酪粥中加醴糖，缪启愉先生疑有脱文，可能当时的杏酪粥也有加糖调味的，如此，从治釜到煮醴，最后加醴糖煮粥就成为一个完整的操作过程，故，笔者臆会介子推的故事为诸法之要。"钉"，关键义。

③颈联。《要术》"治釜令不渝法"载："以绳急束蒿，斩两头令齐。着水釜中，以干牛屎燃釜，汤暖，以蒿三遍净洗。抒却水，干燃使热。买肥猪肉脂合皮大如手者三四段，以脂处处遍揩拭釜，察作声。复着水痛疏洗，视汁黑如墨，抒却。更脂拭，疏洗。如是十遍许，汁清无复黑，乃止；则不复渝。"

又"煮杏酪粥法"载："用宿穬麦，其春种者则不中。预前一月，事麦折令精，细簸拣。作五六等，必使别均调，勿令粗细相杂，其大如胡豆者，粗细正得所。曝令极干。如上治釜讫，先煮一釜粗粥，然后净洗用之。打取杏人，以汤脱去黄皮，熟研，以水和之，绢滤取汁。计唯淳浓便美；水多则味薄。用干牛粪燃火，先煮杏人汁，数沸，上作豚脑皱，然后下穬麦米。唯须缓火，以匕徐徐搅之，勿令住。煮令极熟，刚淖得所，然后出之。预前多买新瓦盆子容受二斗者，抒粥着盆子中，仰头勿盖。粥色白如凝脂，米粒有类青玉。停至四月八日亦不动。渝釜令粥黑，火急则焦苦，旧盆则不渗水，覆盖则解离。其大盆盛者，数捲亦生水也。""灵",指处理技术精到准确。

④尾联。意在应放下对篇题与内容的争论，不要拘于篇题与内容的不符，否则容易陷入认死理的思想困境，因为本篇贾氏强调的可能是首联之意。

飧、饭第八十六① 下平八庚

两殊九法供君征，一日三餐任尔营。②

莫厌胡人偏乳肉，观其炊饭信汝惊。③

我疑春卷依此法，卿视飘齑似哪烹?④

文短术精难尽表，惟推双手敬先生。⑤

【注释】

①题解。此篇介绍了近 10 种用不同粮食烹煮饭食的方法。"飧"（sūn），水泡饭。

②首联。《要术》此篇记载了 9 种饭食制作方法，同时还记载了"令夏月饭瓮、井口边无虫法"和"治旱稻、赤米令饭白法"两种特殊技法。

③颔联。《要术》此篇载有北方少数民族的"胡饭法"："以酢瓜菹长切，将炙肥肉，生杂菜，内饼中急卷。卷用两卷，三截，还令相就，并六断，长不过二寸。别奠'飘齑'随之。"笔者认为，这一技法与现今制作春卷相似，不得不令人惊叹信服古人的智慧。

④颈联。参阅颔联注释引文。笔者认为"飘齑"类似今潍坊地方名吃"朝天锅"中的汤饮（高汤加香菜、葱等佐料，佐料飘浮于汤上）。

⑤尾联。饭食制作方法可参阅《要术》原文。"敬先生"，指敬佩贾氏作此文以飧后人之功。

素食第八十七^①　　下平一先

此篇之素异今禅，菜主油烹去肉骈。^②

恐煮菌瓜疑有惑，故添小注解机玄。^③

金齑玉脍诚为贵，淡饭粗茶未必怜。

莫信鼎食皆美好，须防厚味损天年。

【注释】

①题解。此篇介绍了以蔬菜、瓜、菌子等为原料的 10 余种素食做法。

②首联。《要术》此篇所谓的"素"只是不用肉类烹饪，与今天严格意义上的素食不是一回事。各种素食的具体做法可参阅《要术》原文，此略引。

③颔联。《要术》此篇中，贾氏特予解释："焦瓜瓠、菌，虽有肉、素两法，然此物多充素食，故附素条中。"

作菹、藏生菜法第八十八^①　上平十一真

劝君莫笑古人贫，少有鲜蔬可度春。^②

天未绝情人勿怠，何曾日月废昏晨。

非独菹法多方备，更有生藏妙技神。^③

但信我言无须忌，便饶滋味更尝新。

【注释】

①题解。此篇介绍了多种蔬菜的加工和保藏方法，其中大多是"作菹"保藏蔬菜。"作菹"，是利用乳酸菌，将蔬菜中的可溶性糖及淀粉水解所生成的单糖，在绝氧或半绝氧环境中，分解生成乳酸，产生良好的香味和酸味；同时，也可借乳酸在一定程度上防腐。

②首联。在古代，黄河流域蔬菜的供应受季节性影响限制很大，蔬菜的加工和储藏是一个重要、现实而普遍的问题。

③颈联。《要术》"藏生菜法"载："九月、十月中，于墙南日阳中掘作坑，深四五尺。取杂菜，种别布之，一行菜，一行土，去坎一尺许，便止。以穰厚覆之，得经冬。须即取，粲然与夏菜不殊。"在贾氏故乡，乃至黄河流域的农村，现今仍然流行挖窖冬储蔬菜。寿光冬暖式大棚蔬菜种植技术的灵感也来源于此。关于蔬菜的菹法储藏可参阅《要术》原文，此处略引。

饧餔第八十九^①　　下平八庚

酸甜苦辣淬人生，过眼烟云任尔行。

但企良方能去苦，遂呈七法供君征。^②

诸番技巧全由糵，各式糖食却异名。^③

苦尽甘来终有数，岂因一味改其程。

【注释】

①题解。此篇介绍了 7 种制作糖食的方法。饧、饴、餔是 3 种不同的糖食。饧，是麦芽糖和糊精的固态混合物，冷却后像玻璃一样，脆而透明；饴，则是含有较多水分的软糖；餔，是颜色较暗，能缓缓流动的块饧。石声汉先生认为，贾氏所记制作饧、饴、餔的过程是符合科学原理的。

②颔联。在《要术》此篇中，贾氏记载制饧法 3 种，制饴法、餔法各 1 种，另引《食次》制白茧糖法、黄茧糖法各 1 种，共 7 种技法。可详参《要术》原文，此略引。

③颈联。石声汉先生认为，北魏时期，黄河流域主要用淀粉糖化制糖，淀粉的糖化，必须有淀粉酶的催化；制麦芽糖，必须先取得淀粉酶。当时的劳动人民从发芽谷物种实制作成的糵中取得淀粉酶来煮饧制饴，而制成的甜食又根据其形态特点分别命名为饧、饴、餔 3 种不同的名称。具体制作技法可参阅《要术》原文，此处略引。

煮胶第九十① 上平四支

人称榫卯技神奇，未见钉痕体共皮。②

何物性同相媲美？煮胶堪任少差池。③

择时选料甄良器，别水谐温辨细丝。④

日曝重箔防露染，线割纸罩备需时。⑤

【注释】

①题解。此篇从煮胶的时令、原料与器具、方法，取胶与区分其等级，胶的晾晒与收藏等方面作了全面详细的记述。

②首联。榫卯技术是我国劳动人民的精巧发明和智慧结晶。我国古建筑中各个构件之间的连接处以榫卯相吻合，构成富有弹性的结构框架，它不但可以承受较大的载荷，而且允许产生一定程度的变形，可在地震荷载下通过变形抵消一定的地震能量，保障建筑物不受震灾破坏。

③颔联。将动物性材料中所含的胶原蛋白，用水溶提取出来，制作成具有黏性的胶，用其将物与物粘连在一起，可收到与榫卯相似的效果。

④颈联。写煮胶的准备与技术要点。《要术》"煮胶法"载："煮胶要用二月、三月、九月、十月，余月则不成（热则不凝，无作饼。寒则冻瘃，合胶不黏）。……唯欲旧釜大而不渝者（釜新则烧令皮着底，釜小费薪火，釜渝令胶色黑）。……凡水皆得煮；然咸苦之水，胶乃更胜。"

又载："经宿晬时，勿令绝火。候皮烂熟，以匕沥汁，看末后一珠，微有黏势，胶便熟矣（为过伤火，令胶焦）。"

⑤尾联。《要术》载："胶盆向满，舁着空静处屋中，仰头令凝（盖则气变成水，令胶解离）。凌旦，合盆于席上，脱取凝胶。口湿细紧线以割之：其近盆底土恶之处，不中用者，割却少许，然后十字坼破之，又中断为段，较薄割为饼（唯极薄为佳，非直易干，又色似琥珀者好。坚厚者既难燥，又见黯黑，皆为胶恶也）。近盆末下，名为'笨胶'，可以建车。近盆末上，即是'胶清'，可以杂用。最上胶皮如粥膜者，胶中之上，第一粘好。先于庭中竖槌，施三重箔楀，令免狗鼠。于最下箔上，布置胶饼，其上两重，为作荫凉，并扞霜露（胶饼虽凝，水汁

未尽，见日即消；霜露沾濡，复难干燥）。旦起至食时，卷去上箔，令胶见日（凌旦气寒，不畏消释；霜露之润，见日即干）；食后还复舒箔为荫。雨则内敞屋之下，则不须重箔。四五日浥浥时，绳穿胶饼，悬而日曝。极干，乃内屋内悬，纸笼之（以防青蝇、尘土之污）。夏中虽软相着，至八月秋凉时，日中曝之，还复坚好。"

笔墨第九十一^①　下平一先

人生三立古贤传，德并言功若日悬。^②

毕竟时光如逝水，全凭笔墨记从前。^③

笔须毫四精梳理，墨必诀七慎务全。^④

惟愿春秋能万代，未祈青史有吾笺。^⑤

【注释】

①题解。此篇简要记录了我国历史悠久、极具传统文化特色的毛笔和墨的制作方法，但由于过于简单，有些关键地方没交代清楚。

②首联。《左传·襄公二十四年》有："太上有立德，其次有立功，其次有立言，虽久不废，此之谓不朽。"即立德、立功、立言为人生三不朽。

③颔联。历史大浪淘沙，一个人一生的功德，大多需要通过笔墨记载下来，才能够流传千古，为后人景仰。

④颈联。《要术》引三国魏人韦仲将的《笔方》介绍了制笔技法。缪启愉先生认为这是笔毫分四层做成的笔：最内层是羊毫，次层为兔毫，这两层构成"笔柱"，第三层是"中截"的羊毫，第四层（最外层）仍是兔毫，即《要术》所载"复用毫青衣羊青毛外"。《要术》载韦仲将《笔方》文为："先次以铁梳梳兔毫及羊青毛，去其秽毛，盖使不齹。茹讫，各别之。皆用梳掌痛拍，整齐毫锋端，本各作扁，极令均调平好，用衣羊青毛——缩羊青毛去兔毫头下二分许。然后合扁，卷令极圆。讫，痛颉之。以所整羊毛中截，用衣中心——名曰'笔柱'，或曰'墨池''承墨'。复用毫青衣羊青毛外，如作柱法，使中心齐，亦使平均。痛颉，内管中。宁随毛长者使深。宁小不大。笔之大要也。"

"合墨法"，贾氏载有七个步骤："好醇烟，捣讫，以细绢筛——于堈内筛去草莽若细沙、尘埃；此物至轻微，不宜露筛，喜失飞去，不可不慎。墨䴲一斤，以好胶五两，浸梣皮汁中——梣，江南樊鸡木皮也，其皮入水绿色，解胶，又益墨色；可下鸡子白——去黄——五颗；亦以真朱砂一两，麝香一两，别治，细筛：都合调。下铁臼中，宁刚不宜泽，捣三万杵，杵多益善。合墨不得过二月、九月：温时败臭，寒则难干潼溶，见风自解碎。重不得过三二两。"

⑤尾联。"笺"，本指狭条形小竹片，此处代指在历史上对贾思勰著录笔墨一事之功有记载。末句意在说明贾氏高风亮节，虽有功于世却不以为意，更没想也未去祈求或希望历史能记下自己的这一功劳。

齊民要術卷第十

後魏高陽太守賈 思勰 撰

五穀果蓏菜茹非中國物產者
聊以存其名目記其怪異耳爰及山澤草木任食非人力所種者悉附於此

五穀

山海經曰廣都之野百穀自生冬夏播琴郭
璞注曰播琴猶言播種方俗言也爰有膏稷
膏黍膏菽郭璞注曰言好味滑如膏

博物志曰扶海洲上有草名曰蒒其實如大
麥從七月熟人歛穫至冬乃訖名曰自然穀

《齐民要术》卷十篇目书影（《四部丛刊》本）

五谷、果蓏、菜茹非中国物产者① 下平六麻

本来华夏是一家，莫笑斯言或有瑕。

虚记只因非目见，粗文减墨若奇葩。②

文爱前辈精择要，术欠周详略省珈。③

聊以存之堪备览，何妨放眼赏邻花。④

【注释】

①题解。此篇主要介绍了我国长江以南地区的五谷、果蓏、菜茹类资料，以汇录当时贾氏所能见到的书籍中已有的记载为主，很少贾氏自己添加的材料，全文共149个小标题，缪启愉先生认为《要术》此篇可作为我国最早的"南方植物志"。"中国"，指北魏的疆域范围，包括汉水、淮河以北，不含江淮以南和沙漠以北地区。

②颔联。此篇原有贾氏自注："聊以存其名目，记其怪异耳。爰及山泽草木任食，非人力所种者，悉附于此。"石声汉先生认为，《要术》卷十的体例、内容都和前九卷不同，并且与正常的农业生产，没有什么直接关系。因此，译诗借贾氏之口言本卷相对《要术》前九卷而言"若奇葩"，即看起来有些异类。

③颈联。参阅题解。"珈"，原指古人头上戴的玉饰，此处借指南方五谷、果蓏、菜茹的种植、管理等生产上的技术方法。

④尾联。"邻花"，指以贾氏身份而言南朝为邻，其"五谷、果蓏、菜茹"犹如邻家之花，既别样也艳丽。

参考文献

贾思勰，1922. 齐民要术［M］. 上海：涵芬楼.

贾思勰，1958. 齐民要术今释［M］. 石声汉，校释. 北京：科学出版社.

贾思勰，1998. 齐民要术校释［M］. 缪启愉，校释. 2 版. 北京：中国农业出版社.

贾思勰，2009. 齐民要术译注［M］. 缪启愉，缪桂龙，译注. 上海：上海古籍出版社.

贾思勰，2015. 齐民要术［M］. 石声汉，译注. 石定枑，谭光万，补注. 北京：中华书局.

贾思勰，2019. 齐民要术（节选）［M］. 惠富平，解读. 北京：科学出版社.

焦彬，1984. 论我国绿肥的历史演变及其应用［J］. 中国农史（1）.

李兴军，2019. 农圣文化概论［M］. 北京：科学出版社.

缪启愉，2008. 国学大学堂：齐民要术导读［M］. 北京：中国国际广播出版社.

石声汉，1956. 从《齐民要术》看中国古代的农业科学知识：整理《齐民要术》的初步总结［J］. 西北农学院学报（2）.

石声汉，1956. 从《齐民要术》看中国古代的农业科学知识（续）：整理《齐民要术》的初步总结［J］. 西北农学院学报（4）.

石声汉，1957. 从《齐民要术》看中国古代的农业科学知识（续）：整理《齐民要术》的初步总结［J］. 西北农学院学报（1）.

王力，1977. 诗词格律［M］. 北京：中华书局.

徐旺生，2009. 中国养猪史［M］. 北京：中国农业出版社.

中国农业百科全书总编辑委员会农业历史卷编辑委员会，中国农业百科全书编辑部，1995. 中国农业百科全书·农业历史卷［M］. 北京：农业出版社.

中国农业科学院，南京农学院中国农业遗产研究室，1959. 中国农学史（初稿）［M］. 北京：科学出版社.

附录一 《农圣归里图》题诗及跋文

一、题诗八首

2019年国庆节假期，为《农圣归里图》作，斗室之内，茶余饭后不得闲，反复斟酌，以图命题，依律循《平水韵》作七绝八首。《丰收》为末得之句，冥冥中应丰收在艰辛后也。（《农圣归里图》见折页彩图。）

忧思　　上平十五删

满眼辛酸共墨研，世情冷暖种心田。
谩言稼穑寻常事，敢问谁人不敬天？

迎归　　下平七阳

归去来兮近故乡，未曾下马泪湿裳。
言提其耳齐民术，祈愿家家谷满仓。

事渔　　下平五歌

天光云影落长河，野渡别舟钓碧波。
最喜风轻飞鸟静，遥听隔岸对渔歌。

教稼　　下平六麻

促膝围坐话桑麻，拂面春风顿首花。
若有忧心愁未解，明朝约定到侬家。

树艺　　上平十一真

十年树木百年人，历尽艰难好立身。
他日成材堪负重，能撑天地可成仁。

牧羊　　下平七阳

纤云弄巧化吉祥，绿野轻蹄带草香。
我笑来时新月懒，归途却已夜风凉。

农耕　　上平十五删

双手扶犁步履坚，耕牛傍地力拔山。
农家辛苦无闲日，春去秋来又一年。

丰收　　下平一先

北雁南飞喜讯传，家家新酿可酬天。
双肩犹荷千斤担，谩道人衰负壮年。

二、跋文

　　北魏高阳太守贾思勰深负家国情怀，以农为本、勇于担当，兴灭继绝、知行合一，毕其生而著《齐民要术》，泽被后世，高山仰止。寿光，乃农圣故里、蔬菜之乡，岂非贾公要术哉？

　　尊贤尚功，制之像，传之文，习之艺，言之事，世之常礼也。受公泽惠久矣，且荣以故里人，当循古依礼而为。戊戌岁余，延请首都师范大学杨藩博士泼墨绘之。是图也，纵三尺有三、阔廿一尺又六，采要术之博大，摹农家之常物，写父老之诚朴，载农圣之悲欣，可谓贾公厌腐哀乱，为"要在安民，富而教之"理想，去官归里之景事再现。观者慨之，犹闻靖节先生归去来兮也。

　　　　　　　　　　　己亥春月　农圣门童　兴军　敬跋

附录二　农家秋韵五吟

　　丙申秋月（2016 年 9 月 24 日—25 日），故园草房小住，老幼皆喜，一团和气。闲庭信步，怡然自乐。观夫院中所植，菜果悬架，蔽日遮天，翡翠一壶（葫芦）；百蔬在畦，随风摇曳，万种风情；夜深少眠，耳染目濡，思多意丰。盖农家秋韵，一若人生况味，于秋风中别具一番景象。因境生情寄怀，得五。

五绝·秋韵　　新韵 十四姑

墙头数蔓花，窗外几竿竹。
不傍流云转，偏迎秋气舒。

七律·秋夜　　平水韵 下平七阳

一叶知秋天下凉，农家稼穑少闲郎。
夜阑深巷传孤吠，天籁清风入轩窗。
村外车喧追梦远，院中声寂起鼾长。
昨夕耕罢归来晚，遍地青苗早吐芳。

七绝·秋晨　　平水韵 下平七阳

晨起不贪轻衾暖，各家炊罢复农忙。
鸟鸣胜过秋虫吟，菜味犹绝枫叶香。

七绝·秋香　　平水韵 上平七虞

远天信笔一枝秀，落地相形化碧图。
我有黄花说故事，风携玉竹钓秋壶。

五律·秋实　　平水韵 下平七阳

秋风虽已爽，犹有菜花香。
夜饮觞白露，朝食采旭阳。
非独菊恃傲，更有圃争芳。
残叶出新翠，深藤硕果藏。

附录三　旧诗、词、联别选

　　此部分所录诗、词、联为旧时所作，大多与农圣相关，或与农业相关，或与创作相关，虽非"诗译"内容，权作别外一枝相观。

沁园春·咏农圣　　平水韵 下平七阳
为潍坊科技学院农圣文化展馆作

　　胡马中原，抗礼分庭，禹甸雁霜。更芜田牧野，驱驰万里，凿窟营寺，竞奢无纲。天道堪忧，岁连馑祸，百姓流离愁断肠。君臣易，画角蹄声迫，何处春光？

　　安邦还赖贤良，国富本依着农脉昌。有慈悲大爱，匠心椽笔，《齐民要术》，十卷华章。兴灭承绝，泽被后世，四海薪传犹未央。公且去，待中华圆梦，把酒同觞！

意译参考：

　　北魏时期，鲜卑族拓跋氏入主中原，与汉族政权隔江而治，中华大地飘落一层厚厚的霜雪。北魏政府废弃良田扩牧场养战马，连年征战引发社会动荡不安，又崇尚佛教，大量开凿石窟，营建寺庙，奢靡浪费风气严重，甚至出现了互相比富的荒唐事。天灾人祸，百姓流离失所，民不聊生。政权更迭，人事代谢，天下哪里有平安的地方呢？

　　安定天下需要贤良之才，国家富强需要农业的昌盛。农圣贾思勰胸怀忧国忧民之情和悲悯之心，用巨椽之笔，倾尽毕生精力撰著了《齐民要术》10 卷。贾思勰挽救中华优秀传统农耕文化于即倾，造福后人，《齐民要术》至今仍然在世界上一些国家广为学习研究。农圣啊农圣！您姑且放心去吧，待到中华圆梦之际，我们一定虔诚地向您表达我们的感恩之心，奉上我们的告慰之酒，与您共同庆贺我们伟大的民族复兴！

七律·问农圣　　新韵 十一庚

　　自 2009 年 11 月，受命而欲作贾思勰剧，喜事而难为。《农圣贾思勰》文学剧本第一部完成，字逾六万，不知圣愠否？故作此。

　　千寻万觅恁无踪，可恨春秋迷眼瞳。
　　童子有缘随左右，贾公大义济苍生。
　　风云激荡翁忧炽，博览群书君喜浓。
　　臆撰荒唐多歉意，暗询农圣可添憎？

注：①此诗于 2010 年 9 月发表于《中国诗词月刊》。②童子，指《农圣贾思勰》剧中设计的侍童粟儿。

"农圣杯"全国征联大赛作品选

1. 写寿光两联

万古斯文地有馨香盈怀袖；
千年孔孟邦无弱子落凡尘。

北海名城绿染神州地；
东秦壮县歌飘赤县天。

2. 写寿光侯镇宏源酒与齐民思酒

窖贮春秋风雅事；
觞溶日月玉壶心。

五谷精魂凝玉液；
千年古法酿琼浆。

为 2010 年寿光市台头镇北洋头村征集诗、词、联作

1. 楹联

汉武耘畴，播种千秋沧海梦；
唐王御驾，迎来故地艳阳天。

注：《汉书》卷六《武帝纪》载："征和四年（前 89）三月，上耕于钜定。"钜定，即地处今寿光市双王城生态经济发展中心的巨淀湖附近。

2. 词

沁园春·咏北洋头村　　平水韵 上平四支

芦荡风云①，巨淀沧桑，斗转星移。碧水萦回处，马嘶莺月②，唐王御驾③，情重于斯。绿野平畴，汉犁耘梦④，掷子山河一步棋。明初肇⑤，居洋河岸北，百世安治。

狼烟灭会佳期，举大计雄心赋壮词。盛世千帆竞，潮头勇立⑥，史煌志永⑦，文化常滋。薪火相传，春秋几度，天地人和树大旗。听金缕，玉炉香染袖，心醉神驰。

注：①芦荡风云，指国民革命军第八路军鲁东抗日游击队第八支队总指挥马保三于此领导的牛头镇抗日武装起义。②莺月，指阳春三月。③唐王御驾，指当地传说，唐太宗李世民御驾东征时曾令队伍饮马于洋河。④汉犁耘梦，指

当地传说，汉武帝刘彻东渡求不老药，返回时感于时事之艰，曾于巨淀湖边躬耕劝农，以晓示天下重本务农，休养生息。⑤明初肇，史载洪武二年（1369）侯氏四兄弟奉诏由山西洪洞大槐树迁至山东省青州府寿益城西40里，卜居洋河北岸，繁衍生息，渐成村落，名北阳头，后演变成北洋头。⑥潮头勇立，指北洋头村村民委员会编纂的《勇立潮头创辉煌》画册，亦寓北洋头人之精神风貌。⑦史煌志永，指北洋头村村民委员会编纂的《北洋头党史》《北洋头村志》等村史村志，泽被后世，当为子孙永世之纪念也。

为2011年"京西稻杯"海内外诗赋词曲联大奖赛作

1. 楹联

碧浪千顷，青雾千寻，凝成碎玉千斛，粒粒菁华京西稻；

蓝图万卷，赤心万里，化作春风万蓊，行行锦绣海淀人。

2. 词

沁园春·咏海淀京西稻　　　　平水韵　下平七阳

海淀京西，玉带凝云，千里飘香。自三国初稼，春秋几度；康乾盛世，名正绳纲。碧水清魂，秀其品性，岁月流苏誉满仓。天时顺，唤春风共舞，大业同襄。

农耕盛事华章，不负却、周公曾指航。看故园新貌，科学发展，民生殷富，文化传邦。产业集群，品牌制胜，宏伟蓝图智慧藏。酌轻酒，赏和谐美景，无限风光。

沁园春·晚游校园　　　　平水韵　下平七阳

壬寅年（2022）二月中旬，因单位封控管理，余居校，得以成《齐民要术诗译》初稿。二月十三日夜，校园小游感而有得。后，又得寿光市作协、寿光市文联推送，并《寿光日报》专刊登载。

乍暖还寒，尔道花迟，未负春光。伴熏风婉转，千娇百媚，华灯初上，满目芬芳。鸟炫新声，柳调琴瑟，和奏人间春乐章。须心悟，必得无限美，如饮琼浆。

无非新冠猖狂，数尔狠、多番把命伤。看机关算尽，何处藏匿？寰球携手，天下无殇。我必邀约，君来对酒，倾诉衷情夜未央。星与月，恁无言照见，同忆沧桑。

注：此词被寿光市文联《文艺战"疫"　寿光市文艺工作者抗疫作品集选》收录；2022年3月28日被《寿光日报》刊用，应编辑之意，发表时"把命伤"改为"冷剑伤"。

附录四　关于律诗的相关知识

一、诗的分类

根据格律特点，沿袭唐人关于诗的分类，诗可分为古体诗和近体诗。古体诗又称为古诗或古风；近体诗又称为今体诗或格律诗。根据诗句字数特点，有四言（四个字为一句）、五言（五个字为一句）、七言（七个字为一句）之别。

二、律诗的结构

律诗在用韵、平仄、对仗等方面有较多讲究，格律要求很严。其结构分为四部分，以毛泽东《七律·长征》为例简析如下表：

诗文内容	结构名称	主要特征	创作手法	诗格要求	基本要求
红军不怕远征难， 万水千山只等闲。	首联	叙事	起	开头 起要平直	开宗明义，引人注目 可对仗或不对仗；首句用平韵
五岭逶迤腾细浪， 乌蒙磅礴走泥丸。	颔联	描写	承	承接 承要舂容	承上启下，自然有力 要求对仗；特殊情况也可不对仗
金沙水拍云崖暖， 大渡桥横铁索寒。	颈联	议论	转	变化 转要变化	起伏有变，跌宕有致 要求对仗
更喜岷山千里雪， 三军过后尽开颜。	尾联	议论	合	结尾 合要渊永	韵味深远，启发联想 一般不对仗

注："诗格要求"参考借鉴了元代范德机《诗格》的观点。

三、律诗的特点

一首合格合律完整的律诗主要有四个方面的特点：

一是每首诗限制为八句（四联，一联有上下两句），五律共 40 字，七律共 56 字；

二是律诗一般只用平声韵；

三是律诗每一句诗的平仄有严格规定；

四是每首律诗必须有诗句对仗，一般要求额联（第3、4句）、颈联（第5、6句）对仗，当全诗只有一联对仗时，常在颈联。

四、关于平仄与用韵

平仄，在诗词格律中是一个专门术语。平仄与字的声调相关，古汉语中汉字声调有平声、上声、去声和入声"四声"，与现代普通话四声的对应关系为：平声包括一声（即阴平）、二声（即阳平）两部分，上声即三声，去声即四声，古汉语里的"入声"除在南方部分区域方言中还有保存外，现今大多已不存在，入声字基本被归入普通话中的平声字和上声字。

现代创作格律诗只要保证韵字平仄合律，以及部分多音字、古今一些专用字在诗中的合理性，不必强求每个字必依古法，但韵字应当合乎普通话的声调规范。读音拿不准的，可借助字典或网络进行核查。同时，需要考虑字义与字音的匹配，因为不同的读音可能有相对特定的含义或者在词性上有区别（如：骑，平声 qí，动词，骑马义；去声 jì，名词，骑兵义），还需要结合该字在诗中所要表达的意思和作者的用意来确定是否选用该字，这样才符合格律规范。

此外，因为格律诗字数有限，只字为贵，字字珠玑。如若多字重复出现在同一首诗里，就缺少变化，失了意味，也难以体现作者才识。因此，格律诗讲究"炼字"，创作中尽可能不重复用字，即不在一首诗中多次使用同一个字，即便表达同一层含义也要尽可能用不同的字表达，除非实在无以代之，这就需要创作者有深厚的文字修养。

"韵"的本义是和谐悦耳的声音，也指语音学所称的韵母，"韵"是诗词格律的基本要素之一，泛指诗的韵脚或押韵［也称叶（xié）韵、协韵］的字。诗韵共有106个韵：平声30韵、上声29韵、去声30韵、入声17韵。古代常用的有《平水韵》《诗韵集成》《诗韵合璧》等韵书，现代有以汉语普通话字音为标准，根据国家公布的规范字形与读音，收录了诗词写作常用字的《诗韵新编》，还有以十三辙（指在北方说唱艺术中，韵母按韵腹相同或相似，如有韵尾则韵尾必须相同的基本原则进行的汉字归类）为基础，以《汉语拼音方案》作为拼写和注音工具、普通话标准读音为押韵依据的《中华新韵》等韵书。

作诗押韵可以查阅韵书，一般不必强记。如果创作多了，有时也可能会形成大概的一种悟性和自觉，选词炼字能基本合乎要求。今人作诗押韵较为宽泛，可用古韵或邻韵，也可用新韵，只要朗朗上口即可，不必苛求如古。若作旧体诗词，为体现其古风雅韵，还是建议参考古韵书取韵为宜。同时，为尽量减少今人理解或诵读过程中产生的疑异或别扭，建议在创作时即便参考古韵书取韵，也最好选用能与今人发声相近的字，这样虽然增加了创作难度，但容易让人接受。当然，如果嫌过于苛刻，为不影响诗词意境和艺术效果，也可放宽处理。

哪首诗用什么韵没有规定，但诗词创作中确定用韵有一些经验做法可以参考。笔者认为，当诗题确定后（或未确定，但作者心中往往已有大概的描写主题），可综合思考第一句写什么？写几言（几字一句）？然后初步确定首句大概内容，注意末字是什么字（七言用平声），再据此字到韵书中查阅该字属什么韵部，从而确定诗的用韵，确定了用韵后，其他诗句的韵脚也必须从此韵部中选字。如果对末字不满意，可再具体斟酌能表达作者思想的一个平声字，建议用宽韵，韵部中的字数量相对多的，便于甄选，窄韵部中的字数量少、选择空间小，容易增加创作难度。

五、关于对仗与本书所用七律格律

诗词中的对偶也称为对仗。词语对仗、音律协调是楹联的基本特征，根据《联律通则》，楹联创作要遵循六条规则：字句对等、词性对品、结构对应、节奏对拍、平仄对立、形对意联。一联中的上句为出句，下句为对句，出句与对句的节奏点（语流节奏停顿点）、词性、词品（类）、平仄等方面是一一相对的。同时，出句与对句的字不能重复（楹联字数有限、字贵如金，一般不能出现同字或同词现象）。

律诗共八句，这八句构成四联。四联的结构名称是首联、颔联、颈联和尾联，其中首联、尾联一般不要求对仗，颔联与颈联要求对仗，对仗就要符合《联律通则》的六条规则。但如果全诗只有一联对仗，一般在颈联。本书译诗受《要术》内容限制，很难实现颔联和颈联的全部对仗，一般在颈联对仗，也有部分是颔联、颈联都对仗的。

现将本书所用七律格律说明如下：

平仄图例：

○平声　　　●仄声　　　◎平、可仄　　　●仄、可平　　　△押平声韵

仄起式：

●●○○●●△，◎○●●●○△。
◎○●●○○●，●●○○●●△。
●●◎○○●●，◎○●●●○△。
◎○●●○○●，●●○○●●△。

另一式为变格，第一句平仄改为●●○○○●●，其余不变。本书未用此变格。

平起式：
◎○◉●●○△，●●○○○●△。
●●◎○○●●，○◎●●●○△。
◎○◉●○○●，●●○○○●△。
●●◎○○●●，○◎●●●○△。

另一式为变格，第一句平仄改为◎○◉●○○●，其余不变。本书未用此变格。

附录五 《齐民要术》主要版本

一、北宋崇文院刻本

《要术》最早的官方刻本是北宋天圣年间（1023—1031）由皇家藏书馆"崇文院"校刊的崇文院刻本，俗称"院刻本"（附图1）。

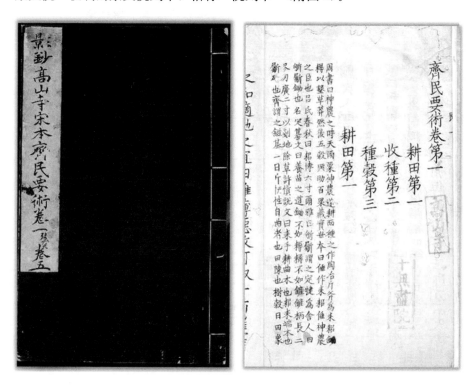

附图1 北宋崇文院刻本（高山寺二卷本）

此本在我国早已佚失。江户时期，在日本高山寺发现该本残卷：第五、第八两卷和第一卷的两页，所以也称"高山寺本"。1838年，日人小岛尚质依残卷用双钩法影摹下来，清末民初为我国杨守敬所得，约有80页，现存于中国农业科学院图书馆。1914年，罗振玉借得高山寺本影印，编入其《吉石盦丛书》，国内始有流传。《要术》之后所有版本皆源于北宋刻本，因多有错、讹、脱、衍，质量不一。

二、明抄本（南宋"龙舒本"的明代抄本、《四部丛刊》本）

《要术》的第一个私刻本是继北宋官刻本 110 多年后，南宋绍兴十四年（1144）张辚的刻本，俗称"龙舒本""绍兴本"。原本已佚，现存有残缺不全的校宋本（以某部《要术》为底本，再用张辚刻本校对出来的）。校宋本有两个：黄丕烈（荛圃）所得的校宋本（校了六卷半）和劳格（季言）所得的校宋本（校至卷五第五页），惜皆未校完全书。

明代有根据南宋张辚刻本的抄本（俗称"明抄本"），1922 年商务印书馆将该抄本影印，编入《四部丛刊》中。《四部丛刊》本十卷完整、影印清晰，是最好的古善本。附图 2 即为此本书影，本书各卷卷首所用《要术》书影也是此明抄本。

附图 2　《四部丛刊》影印本

三、明抄系统本（据明抄本排印的）

附图 3 为 1926 年中华书局据 1804 年清代张海鹏《学津讨原》本（俗称"《学津》本"）排印发行的《四部备要》本《要术》书影。

附图 4 为 1929 年商务印书馆排印、王云武主编的《万有文库》本《要术》书影。

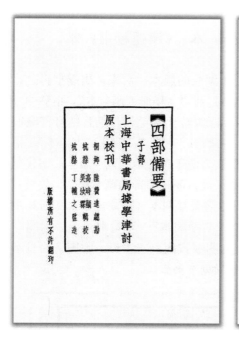
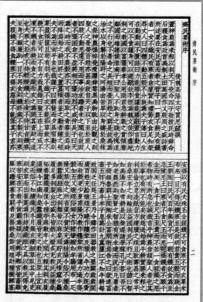

附图3 《四部备要》本

附图4 《万有文库》本

四、明代湖湘本、《秘册汇函》本、《津逮秘书》本

湖湘本，是明代马纪于 1524 年刻于湖湘的版本。后来，胡震亨得之，并于 1603 年刻入其《秘册汇函》古籍集，是谓"《秘册汇函》本"，俗称"《秘册》本"。明末，胡震亨将《秘册汇函》原版转让给毛晋，毛晋结合家藏旧籍再校，于 1630 年编入其《津逮秘书》古籍集，是谓"《津逮秘书》本"，俗称"《津逮》本"，《秘册》本与《津逮》本实为源于湖湘本的同一版本。明代刻本是最差的版本。明崇祯时的汲古阁刻本（汲古阁是毛晋的藏书楼名，故汲古阁本实为毛晋的《津逮》本）、1744 年日本向荣堂刻本（依胡震亨《秘册》本），以及 1875 年湖北崇文书局刻本，皆源于"湖湘本"，质量都很差。附图 5 为《津逮秘书》本《要术》书影。附图 6 为明汲古阁刻本书影。附图 7 为日本向荣堂刻本书影。附图 8 为清湖北崇文书局刻本书影。

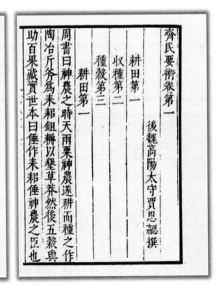

附图 5　《津逮秘书》本

五、龙溪精舍本

1896 年袁昶刊印《渐西村舍丛刊》，收入了《要术》，称为"《渐西村舍》本"。1917 年，郑尧臣用高山寺本、《渐西村舍》本，参《太平御览》校订《要术》，唐晏刻版成书，因郑尧臣的藏书楼名为龙溪精舍，故此本称"龙溪精舍本"，附图 9 为该本书影。

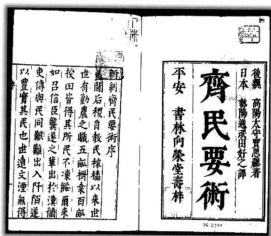

附图 6　明汲古阁刻本　　　　　附图 7　日本向荣堂刻本

附图 8　清湖北崇文书局刻本

六、外文版

附图 10 为 2018 年韩国釜山大学崔德卿教授译注的韩文版《齐民要术译注》，附图 11 为 1959 年石声汉教授将自己整理《要术》写成的论文（《从〈齐民要术〉看中国古代的农业科学知识：整理〈齐民要术〉的初步总结》）译成的英文版本，即《齐民要术概论》英文版，实际并不是《要术》全本的英文版。

附图9　龙溪精舍本

附图10　韩文版《齐民要术译注》

附图11　英文版《齐民要术概论》

附录六 贾思勰撰著《齐民要术》的思想逻辑与理论基础

贾思勰为什么能够写出《齐民要术》？笔者认为，作为北魏高阳太守，贾思勰有着比传统官吏更远大的"齐民"理想，即其由为政以德的优秀传统政德思想驱动，此外，贾思勰还有其他传统官吏所不具备的丰富的农学思想作为支持。因此，《齐民要术》可以说是贾思勰政德思想与农学思想共同作用的结果，也是其政德思想与农学思想的真实体现。为帮助读者进一步了解贾思勰的政德思想与农学思想，兹录旧文作为补充，以期读者对前文诗译有更全面立体的理解。

一、《齐民要术》对传统政德思想的继承与发展 *

李梓豪 李兴军

中华文明根植于农耕文化，传统农耕文化蕴含着丰富的优秀思想观念、人文精神和道德规范。古农书作为承载传统农耕文化的重要载体之一，在指导劳动人民开发和利用自然资源、推广农业科技、提高农业生产率、增加国家赋税收入，以及教化人民和稳定社会秩序等方面，发挥过积极的现实作用，挖掘、研究和传承其蕴含的优秀文化思想理念，对新时代治国理政和全面推进乡村振兴，实现中华民族伟大复兴的中国梦，具有积极的文化支持和历史镜鉴作用。根据《中国农业古籍目录》① 统计，流传至今的古农书有 2 084 种[1]，《齐民要术》被誉为"中国古代农业百科全书"，是其中的杰出代表。万国鼎先生认为："这部书，不但对于考证祖国农业史是不可缺的，对于现代农业科学的学习与研究，在提供资料、启发思绪，以及帮助我们发现问题和寻求解决办法上，也会是极有用的。"[2]《齐民要术》不仅记载了 6 世纪及之前我国传统农业科技史料，还蕴含着丰富的政德思想。本文通过简要梳理我国传统政德观的形成与发展，重点探讨《齐民要术》对传统政德思想的继承与发展，以期为新时代乡村振兴和治国理政提供借鉴参考。

＊ 山东省社会科学规划研究项目（20CPYJ10）。本篇文章发表于《古今农业》2023 年第 2 期。

① 古农书主要分为官颁和私著两种类型，《中国农业古籍目录》由张芳、王思明主编，2003 年由北京图书馆出版社出版。

（一）我国传统政德观的形成与发展

1. 传统政德观的形成与核心旨归

"德者，得也"（《礼记·乐记》），这是周代之前乃至周初时期人们对"德"的内涵理解上的主流观点。据有关文献和甲骨卜辞材料，我国商代时期已出现"德"的观念，但其义多为视天命、先祖的赐予为"德（得）"。[①] 周康王时，大盂鼎"今我佳（唯）即（训为'就'）井（通'型'，效法），廩（通'禀'，领受）于玟王正（通'政'）德"的铭文，是"政德"一词最早出现于青铜礼器的重要佐证，其核心要义在于说明文王惠保小民、勤政节俭、与民同乐、恭祭先祖的高尚德操[①]，也即周王因"德"隆而"得"上天之命以为王。诚如周惠王时内史过所言："国之将兴，其君齐明、衷正、精洁、惠和，其德足以昭其馨香，其惠足以同其民人。神飨而民听，民神无怨，故明神降之，观其政德而均布福焉。"（《国语·周语上》）此时的"政德"，虽然尚未完全突破"敬天有德（得）"的宗教性泛神论，但已经显示出个人道德修养之"德"与治国理政之"礼"（德）交融的伦理性意涵萌芽。鲁襄公二十四年（前549），文献中已有将人之"德"与治国以"礼"（德）融为一体的记载，形成"德，国家之基也"（《左传·襄公二十四年》）的政治论断。

春秋后期的鲁昭公四年（前538），文献记载司马侯以殷纣淫虐灭国、文王惠和兴周之史谏于晋侯："不修政德，亡于不暇，又何能济？"（《左传·昭公四年》）成为"政德"一词最早见诸典籍的文本记载，此时，"政德"的旨归已由殷商时单一的泛神论，转向对个人德操与治国理政之"德"的相提并论，政德观更加清晰化。

春秋末年，随着儒家学派的创立，以孔子"为政以德，譬如北辰居其所而众星共之"（《论语·为政》）"德性政治"思想[②]的确立为标志，传统政德观得以正式形成，并在孔子及其后学孟子、荀子等为主要代表的儒家学者和其他思想家的发展下，"政德"思想的逻辑结构更加清晰，理论内涵不断丰富，成为我国传统社会家国同构和治国理政的基本遵循与重要指导思想，深刻地影响着我国千百年来传统社会的政治走向，也因此奠定了我国以德治国

---

① 晁福林教授认为，先秦时期"德"观念的发展经历了天德、祖宗之德，制度之德和精神品行之德三个阶段，西周时期人们始释殷人天命神意束缚，春秋战国时期在思想家们的努力下，才形成深入人的心灵和思想上的"伦理道德"观。关于文王的德操，晁福林根据先秦文献总结为五项。参见晁福林：《先秦时期"德"观念的起源及其发展》，《中国社会科学》2005年4期，192～196页。

② 孔新峰教授认为，儒家德性政治观念构成中国本位政治理论构建的枢轴环节，并从先秦儒家原典及近人论著中，提炼出先秦儒家德性政治理论的七条原理性认知观点。参见孔新峰：《先秦儒家德性政治理论的初步重构》，《孔子研究》2022年3期，39～42页。

的政治基调。

综上所述，结合文献和学界观点，我们可以较为清晰地梳理和提炼出我国传统政德观的基本内在逻辑：坚持政治本体，即"德性政治"（德政）治国理政原则基础上，政治主体在政治实践过程中所体现出来的道德自觉和从政之德。其核心旨归可概括为"两维三度"，"两维"即思想维和实践维，"三度"即思想维上的认同度、实践维上的自觉度和自律度，包括从政者对"为政以德"（德政）传统的思想认同度，践行"敬德保民"政德主旨的自觉度和提高"克明俊德"（人德）政德涵养的道德自律度。本文基于此，就《齐民要术》在传统政德观方面的继承与发展作要探讨，以求教方家。

2.《齐民要术》之前古农书及相关文献对传统政德思想的继承与丰富

据万国鼎先生考证，"《齐民要术》引用了将近二百种古书……这些古书，大部分早已散失了，现存的不到四分之一。不但失传的古书，由于《齐民要术》的引用而部分地保存下来；即使现在仍有传本的，由于《齐民要术》引自古本，也往往可以用来订正今本的伪字脱文"[2]。对于《齐民要术》之前的古农书，万国鼎先生认为："秦之前已有农书。《汉书·艺文志》农家类有《神农》《野老》等书……不过这些都已失传了。现在只能从《管子·地员》、《吕氏春秋》中的《任地》《辨土》《审时》诸篇，及《礼记·月令》等中，看到秦以前农家之言的一些鳞爪。西汉农书有几种，也早已失传。……而保存下来的《氾胜之书》旧文，也几乎全靠《齐民要术》的引用。……东汉崔寔的《四民月令》，2 世纪作品，已失传。……晋初郭义恭的《广志》，3 世纪作品，已失传，保存下来的也主要依靠《齐民要术》的引用。"[2]惠富平教授也认为："先秦专门农书悉已亡佚，只可在现存战国末期的杂家著作《吕氏春秋》中《上农》等四篇和其他先秦文献中略见一斑。"[3]

就此而言，《齐民要术》之前保留下来或辑轶所成、属于古农书者，只有《氾胜之书》。我国最早的农事历书《夏小正》，只是农书的萌芽状态并未完全成形。[2]

《夏小正》《礼记·月令》《四民月令》均是以时系事的农事历书，虽非真正严格意义上的农书，但其农事与政事内容相杂并陈，具有典型的政典特点，因而成为传统农本思想与治国理政交融一体的事实佐证。作为我国现存最早的一部农事历书，《夏小正》对商周时期的农时和农事活动有具体、系统的记载，而《礼记·月令》关于"天子亲载耒耜，措之于参保介之御间，帅三公、九卿、诸侯、大夫躬耕帝藉""布德和令，行庆施惠，下及兆民"的记载，《四民月令》关于"布农事""以教道民""命农勉作""以祈谷实"的描述，都体现出农本思想和民本思想的特点。研究发现，此时人们已经把天"德"、人"德"与统治者从政之"德"紧密联系起来，也即将观（天）

象授时、物候指时与农事活动，乃至统治（从政）者的活动紧密融为一体，天象、物候成为统治者督管农业生产的依据，在思想与实践上形成天"德（得）"、人"德"与政德三者交融的事实，进一步拓展和丰富了传统政德思想内涵，也为后世农家和农书创作奠定了思想基础，为从政者政治实践提供了文献依据和行动参考。

历经秦末暴政和战争影响，社会经济凋敝，民不聊生，为稳定政权，汉政府实行休养生息政策，把恢复和推动农业生产作为治国理政的基本国策，为"文景之治"的到来奠定了基础。氾胜之在西汉成帝时曾为议郎，知农事，后以轻车使者身份"致用三辅"指导农业生产，其《氾胜之书》提出"凡耕之本，在于趣时，和土，务粪泽，早锄，早获"的农事活动总原则。"趣时，和土"强调农事应当遵循天地自然之道，蕴含着深深的敬天"德（得）"之意；"务粪泽，早锄，早获"则一方面说明稼穑之关键所在，另一方面又从人的勤、惰"德"性角度说明人"德"在勤的必要性，这一农事总则充分体现了先秦"敬天有德（得）"思想在农业生产领域的继承应用。"神农之教，虽有石城汤池，带甲百万，而无粟者，不能守也。夫谷帛，实天下之命。卫尉前上蚕法，今上农事；民事人所忽略，卫尉勤之，可谓忠国忧民之至。"（《氾胜之书》）"夫谷帛，实天下之命"强调治国理政之本在于重视农桑，而"忠国忧民"（为政之德）的最好实践也在重农桑。其核心旨归除继承了传统农本和民本思想之外，还有力地证明了农业生产与国家治理密切相关，指导好农事是践行为政之德的重要体现。充分证明，以"敬天有德（得）""为政以德""敬德保民""克明俊德"为核心内容的传统政德思想在汉代的继承和发展。

至于《管子》《吕氏春秋》，虽非农书，但其内容在于阐述治国理政之大法，又较全面地整理、继承了先秦各家的优秀学术文化思想，其观点也多为贾思勰佐证引用于《齐民要术》，构成贾思勰政德思想的理论元素。

（二）《齐民要术》对"为政以德"德政传统的继承

《齐民要术》对"为政以德"（德政）传统的继承，可以从贾思勰对"仕""农"理性的深刻辨析，以及体现传统"德政"思维之著书目的两个方面得到证实。

北魏官制承旧制，据"郡守，秦官，掌治其郡，秩二千石"（《汉书·百官公卿表上》）"凡郡国皆掌治民，进贤劝功，决讼检奸。常以春行所主县，劝民农桑，振救乏绝。秋冬遣无害吏案讯诸囚，平其罪法，论课殿最。岁尽遣吏上计。并举孝廉……"（《后汉书·百官志》）可知，管理和教化区域内的民众、赈济灾荒、巡察所辖县域、劝农桑、整齐风俗、兴办文化教育等是太守的重要职责内容①，贾思勰官至"后魏高阳太守"，是一名地地道道的地方官吏。在《耕田第一》中，贾思勰从万物皆是一理视角出发，援引《孟子·滕文公下》的"士之仕也，犹农夫之耕也"，把为仕从"政"与农夫事"耕"同理视之，这既是贾思勰的职业观，也是其从政观。为进一步阐释自己的观点，贾思勰还引用《淮南子·主训术》："耕之为事也劳，织之为事也扰。扰劳之事而民不舍者，知其可以衣食也。人之情，不能无衣食。衣食之道，必始于耕织。……物之若耕织，始初甚劳，终必利也众。"引《淮南子·说林训》："不能耕而欲黍粱，不能织而喜缝裳，无其事而求其功，难矣。"说明从政虽有扰劳之累，但只要"不舍"不放弃，仕者有"德"，最终老百姓也必能惠泽到仕者为政以德之"利"。同时，贾思勰还在《齐民要术》自序中列举先秦时期的神农、仓颉、尧、舜、禹、孔子，秦汉以来的李悝、商鞅、晁错、陈思王、赵过、耿寿昌、桑弘羊、任延、王景、皇甫隆、茨充、黄霸、龚遂、召信臣等，或是往圣或"仕"于中央或"仕"于地方的 20 余位先贤、"仕"者，及其"保民有德（得）"的史实，援引《管子》《论语》《尚书》《左传》《淮南子》《汉书》等 10 余部经籍原典内容，进一步说明"食为政首"即"为治之本，务在安民；安民之本，在于足用；足用之本，在于勿夺时"②的重要性，以及"食者民之本，民者国之本，国者君之本。是故人君上因天时，下尽地利，中用人力，是以群生遂长，五谷蕃殖"的现实意义，深刻例证和辨析了"仕""农"的同理性，表明自己对"为政以德"的思想认同，反映出《齐民要术》对"德政"传统的有益继承。

关于"齐"字，《现代汉语词典》有"同样、一致"的解释，《辞海》有"整治"和"同、并、比"等 12 种解释，学界对《齐民要术》的"齐"字也有多种理解，曾雄生研究员概括为五说，认为"齐"作动词，有整治、整理、治理和管理，乃至安定之义，与孔子"道之以政，齐之以刑，民免而无耻。道之以德，齐之以礼，有耻且格"（《论语·为政》）中的"齐"同义。③笔者基于贾思勰"高阳太守"的身份特点，支持曾的"治理和管理人民"说。同时，笔者认为"齐"字还应当与"见贤思齐"之"齐"同义，有"同样、一致"之

---

①　俞鹿年先生研究认为，北魏太守的职权包括辟除本府属隶之权、控制属县行政之权、自设调教之权等七个方面，参见俞鹿年：《北魏职官制度考》，社会科学文献出版社，2008 年，184～185 页。

②　《齐民要术》卷一《种谷第三》，贾思勰引《淮南子》句。详见贾思勰原著，缪启愉、缪桂龙译注：《齐民要术译注》，上海古籍出版社，2009 年，61 页。本文所引《要术》原文均引自此版本，后不另注。

③　曾雄生研究员将学界对《齐民要术》"齐民"的解释概括为平民、农民、全民、齐地之民和治理人民五说，而其更倾向于"治理人民"说。参见曾雄生：《贾思勰的富民思想及其启示》，《中国农史》2006 年增刊，25～26 页。

义。根据贾思勰所处时代，结合"太守"职责和其对"德政"传统的思想认同，及其著书目的，也即在序中所明确的"要在安民，富而教之"观点，通过"政德"实践让老百姓都能致富，从而实现"全民"一致（富裕）的思想，应当是《齐民要术》题中之义，如此，"齐民"则有"使民齐"之义，这对正确理解贾思勰何以"资生之业，靡不毕书……丁宁周至，言提其耳，每事指斥，不尚浮辞"（《齐民要术》序），而倾其一生著述《齐民要术》，具有事理判断的合理性和逻辑推理上的严密性与可信度。由是观之，可推知贾思勰无论在思想认知、思维方式，还是在实际行动上，都自觉继承了"为政以德"的"德政"传统。

（三）《齐民要术》对"敬德保民"传统政德观的创新发展

1. "齐民"思想具象化了"为政以德"（德政）政治实践的内涵

《论语·子路》载："子适卫，冉有仆。子曰：'庶矣哉！'冉有曰：'既庶矣，又何加焉？'曰：'富之。'曰：'既富矣，又何加焉？'曰：'教之。'"这是以儒家为代表的传统政德思想对民本思想的形象表述，至汉代已发展为"食足货通，然后国实民富，而教化成。……聚人守位，养成群生，奉顺天德，治国安民之本也"（《汉书·食货志》）的通识性论断。贾思勰以此为核心论点，在序中提出"要在安民，富而教之""岁岁开广，百姓充给""家家丰实"等观点，概括之就是安民、富民、智民的"齐民"思想，本质上是农本思想与民本思想在"生民之本"即农业生产上的转化落实。仓廪实、天下安。自古以来，粮食生产就是安天下、稳民心的战略产业。在贾思勰看来，让老百姓安居乐业、生活富裕不仅是从政者的基本职责和主要任务，还是从政者实施德政、拥有政德的必然取向，更是实现民安致富，以至民智的"齐民"理想的关键。同时，贾思勰还主张老百姓既要会种田还应该明白事理，接受必要的教育教化，引《四民月令》"农事未起，命成童以上，入太学，学'五经'。砚冰释，命幼童入小学，学篇章"[1]，强调学习要从小孩子开始做起，一以贯之就能形成良性循环，有利于让百姓在思想和行动上与政府同频共振，最终实现"甘其食，美其服，安其居，乐其俗"（《老子》）的"齐民"理想。应当说，这是贾思勰著述《齐民要术》的目的和源动力，是其执政理想和政德观的具体体现，更是传统政德思想在政治实践上的具象化。

贾思勰"齐民"思想源于其政德思想中尚和图强的家国情怀。南北朝是我国政权分裂、民族融合的大变革时期，战乱频仍、社会动荡，而奢靡之风、佛教思想和玄学清谈之风盛行，汉民族传统农耕文明受到少数民族游牧文化的严

---

① 《齐民要术》卷三《杂说第三十》。

重冲击。贾思勰不仅亲见、亲历，还有着清醒的判断，他以"李悝为魏文侯作尽地力之教，国以富强；秦孝公用商君急耕战之赏，倾夺邻国而雄诸侯"为榜样昭示自己的胸怀与担当，认为："夫财货之生，既艰难矣，用之又无节；凡人之性，好懒惰矣，率之又不笃；加以政令失所，水旱为灾，一谷不登，胔腐相继。古今同患，所不能止也，嗟乎！"① 他对自古以来的天灾人祸与为政积弊、用之无节等造成的严重后果作了深刻分析，为实现其为政一方的"齐民"理想，发出振聋发聩的呐喊："家犹国，国犹家，是以'家贫则思良妻，国乱则思良相'②，其义一也。"在传统农耕文化面临倾覆的危机时刻，贾思勰以家国同构、胸怀天下的情怀，兴灭继绝、承前启后，创新性将游牧文化与传统农耕文化融为一体，著成"中国古代农业百科全书"，创造性地丰富和赓续了传统农耕文化，充分体现了一位有良知的古代知识分子的德操和作为地方官吏勇于担当的为政之德。

贾思勰实践其"齐民"思想，不是妄自尊大的盲目自信，而是坚持了实事求是的敬畏精神。围绕"富民"理想，贾思勰一方面坚持读万卷书、行万里路，寻求富民的方法和途径，一方面又敢于冒天下之大不韪，掇引《史记》"阴阳之家，拘而多忌"③ 的说法，提出"止可知其梗概，不可委曲从之"的观点，同时还援引谚语"以时，及泽，为上策"为论据，支持自己的观点。据此而论，贾思勰不仅强调对自然天地之"时"的"道"（德）要有敬畏之情，要实事求是尊重自然规律，更强调发挥人"及泽"之勤"德"，努力在农业生产实践中达到"天人合一"境界，形成了富有哲理性的"顺天时，量地利，则用力少而成功多。任情返道，劳而无获"④ 优秀农学思想，奠定了《齐民要术》的历史和学术地位，在农业生产上创新发展了传统政德思想。当然，《齐民要术》引用古代典籍近 200 种，其中不乏一些虚妄玄幻，甚至荒唐无稽的纬书，这是受汉晋以来玄学思想影响的结果，也不足以说明问题的全部，正如著名农史学家石声汉教授所言，虽然《齐民要术》引用了一些"专门撒谎的荒唐书"，但"作伪的责任不该由《要术》作者负"[4]。

2. "敬民"思想增强了"敬德保民"（政德）政治实践的可操作性

敬，有慎重地对待、不怠慢不苟且和敬谨之义。"道千乘之国，敬事而信，节用而爱人，使民以时"（《论语·学而》）是儒家"德性政治"（德政）主张的重要观点。敬民，即敬德保民，也即传统意义上的民本思想，这是"德政"传

---

① 此两处引文引自《齐民要术》序。
② 此句为《齐民要术》序中引《史记·魏世家》的谚语。
③ 《齐民要术》卷一《种谷第三》，贾思勰掇引《史记》之句。
④ 引用谚语与贾思勰的观点皆引自《齐民要术》卷一《种谷第三》。

统的基本要求，也是"政德"实践实现德政"保民"的必要条件。受时代和社会发展局限，"齐民"作为贾思勰"为政以德"的德政理想，虽然不能排除"治"民（治理、管理人民）的成分在内，但贾思勰并没有与旧"仕"者同流合污，通过研究《齐民要术》关于勤政为民、学习于民、服务于民、忧患于民的系统表述，可察见贾思勰践行"敬民"思想的实际行动。《齐民要术》序中，贾思勰掇引《淮南子·修务训》："田者不强，困仓不盈；将相不强，功烈不成。"首先对耕者、仕者"德"性发挥的不同效果作了形象化类比分析，进一步强调"敬德"重在实践：民以食为天，耕者之"德"不彰，不自强勤力，就不会有充足的粮食，家庭就难以富裕；同理，从政者之"德"不彰，不竭力尽职，事业就不会有成，于己于国都是不利的。其中劝诫田者力其田，从政者敬德保民之意不言而喻，体现了贾思勰"勤政为民"的思想主张与自觉。

其次，通过《齐民要术》"采捃经传，爰及歌谣，询之老成，验之行事"①的著述方法与途径，明确政治实践的基本操作要点。"好学则智，恤孤则惠，恭则近礼，勤则有继。尧舜笃恭，以王天下"（《孔子家语·弟子行》）是儒家"德性政治"有关"德教"的重要观点，借文析理，"采捃经传"即对传统经籍原典的学习传承，体现的是个人修为之"德"（人德），是继承儒家"好学则智"德教思想，善于学习的实际行动；"爰及歌谣，询之老成"实质是虚心向劳动人民学习，体现了从政者政治实践中的"敬民"之"德"（政德），发展了儒家"恭则近礼"德教思想，是"学习于民"的实际行动；"验之行事"即通过实践验证事情的可靠性和可行性，体现的是政治实践中以身作则的"保民"之"德"（政德），是践行儒家"勤则有继"德教思想的实际行动。贾思勰又以"恤孤则惠"的思想情怀，高度重视传统精耕细作技术，如《齐民要术》卷一《种谷第三》引用谚语"顷不比亩善"，强调"多恶不如少善"的精耕细作思想，引用《氾胜之书》对历史上提高单位面积产量的方法技术——"区种法"作了详细介绍和推广，是"服务于民"的实际行动。《种谷第三》援引《汉书·食货志》"种谷必杂五种，以备灾害"，卷三《杂说第三十》引《史记·货殖传》"且风、虫、水、旱，饥馑荐臻，十年之内，俭居四五，安可不预备凶灾也"，贾思勰以良吏的忧患之心倡导荒政，教育人民不可不"预备凶灾"，以"防岁道有所宜"，并在《齐民要术》多篇录入大量可备荒救急作物的种植与食用方法，如麻地套种芜菁，桑下种绿豆、小豆，楮与大麻合种，荫下、禾豆处种芫荽等，认为"稗中有米，熟时捣取米，炊食之，不减粱米。又可酿作酒（……大俭可磨食之）""椹熟时，多收，曝干之，凶年粟少，可以当食"②，如

---

① 《齐民要术》序。

② 前句引自卷一《种谷第三》，后句引自卷五《种桑、柘第四十五》。

此等等，皆为"忧患于民"的实际行动。

贾思勰还从政德实践的总体要求上，提出了可操作的建议。序末，贾思勰的自谦之语——"鄙意晓示家童，未敢闻之有识，故丁宁周至，言提其耳，每事指斥，不尚浮辞"，从传统"德政"视角分析，完全可以类比理解为贾思勰为"仕"者政治实践提出的可操作性建议，即工作态度谦逊、用心精微、语言朴实、作风简洁务实。

3. "律己"思想提供了涵养"克明俊德"（人德）政治实践的保障

涵养"克明俊德"（人德）的道德自律，是传统政德观"两维三度"基本内涵之一，具体到《齐民要术》来讲，主要体现在勤谨观、朴素节约观、家风家教观，以及生活圈与交友观等方面的思想表达和自律。

《齐民要术》序中，贾思勰援引《左传》"人生在勤，勤则不匮"和古语"力能胜贫，谨能胜祸"作为勤劳谨慎思想的论点，佐引《仲长子》"天为之时，而我不农，谷亦不可得而取之"强调说明，即使条件具备了，作为主体的人如果思想上不谨慎、实践上不勤力，也不会取得成功，从而告诫从政者，工作既要勤奋，又要时刻保持谦虚谨慎的态度和清醒冷静的头脑，应当说这是贾思勰严格自律的明确立场，也是对从政者应该具有的基本素养和修为（人德）的思想表达。

《齐民要术》特别强调朴素节约。作为一名地方官吏，贾思勰不仅有改善北魏奢靡社会风气的担当抱负，更是从人的"用之无节"、仕者"率之不笃"、政府"政令失所"和自然界"水旱为灾"等多个层面，对"古今同患，所不能止也"的历史教训，作出了深刻分析。"谨身节用""用之以节""穷窘之来，所由有渐"等观点的提出，对从政者注意节俭自律，切不可"既饱而后轻食，既暖而后轻衣。或由年谷丰穰，而忽于蓄积；或由布帛优赡，而轻于施与"①的劝诫之意昭然若揭，从传统德政视角分析，也是其家国情怀的体现。

家风家教观是《齐民要术》政德实践的重要内容，主要体现于序中对孔子"居家理，治可移于官"（《孝经·广扬名章》）观点的引用，阐明家风家教与政风的关系。《礼记·大学》载："欲治其国者，先齐其家；欲齐其家者，先修其身；欲修其身者，先正其心；欲正其心者，先诚其意；欲诚其意者，先致其知，致知在格物。"贾思勰支持孔子的观点，认为"家犹国，国犹家……其义一也"，如果"齐家"有方，做到了家庭和睦、条理有序，完全可以把"齐家"之理（经验）移用于政。而家庭不和、家风不正、家教不严，不仅难以"齐家"，更无力治国。

除了在家庭方面的自律，贾思勰还在《齐民要术》中论及生活圈和交友

---

① 《齐民要术》序。

观。《种椒第四十三》通过四川花椒偶然在山东青州种植成功的故事，以人观物又由物及人，提出"习以性成"（《尚书·太甲上》）和"观邻识士，见友知人"观点。自然界中，生物的遗传与生长习惯有保守和变异两面性，而其变异性是后天形成的①，贾思勰"习以性成"观点符合科学发展观，"观邻识士，见友知人"也符合人类伦理观。从政德观视角分析，该观点蕴含着对影响人的品德发展的重要因素，即个人私生活和交往人群的重视。形而上之，就是提醒从政者既要在其位、谋其政，又应当止贪欲、禁营私，不入非常之所，不搞个人小圈子，谨慎人的"变异"性，防备"习以性成"而不自知的危险。

结　语

国无德不兴，人无德不立，官无德不为。习近平总书记指出，领导干部要讲政德。政德是整个社会道德建设的风向标。立政德，就要明大德、守公德、严私德。此外，总书记也强调，要善于从中华优秀传统文化中汲取治国理政的理念和思维。② 中共中央办公厅、国务院办公厅印发的《关于推进新时代古籍工作的意见》也提出，要系统整理蕴含中华优秀传统文化核心思想理念、中华传统美德、中华人文精神的古籍文献，为治国理政提供有益借鉴。《齐民要术》作为"我国现存最早的，在当时最完整、最全面、最系统化、最丰富的一部农业科学知识集成……也是全世界最古的农业科学专著之一……它不仅是我们祖国最珍贵的遗产，也是全人类光荣伟大的成就"[5]。其中所蕴含的以"齐民"为从政大德，以"敬民"为履职公德，以"律己"为尽责私德的政德思想，是我国先秦至南北朝千余年传统农耕社会文化思想的集大成，是作为地方官吏的贾思勰以农养政、以政惠农的"训农裕国之术"③，不仅继承和发展了传统政德思想，也为新时代乡村振兴和治国理政提供了有益借鉴和参考。

[参考文献]

[1] 王福昌. 中国古代农书的乡村社会史料价值：以《齐民要术》和《四时纂要》为例 [J]. 北京林业大学学报（社会科学版），2013，12（3）.

[2] 万国鼎. 论《齐民要术》：我国现存最早的完整农书 [J]. 历史研究，1956（1）.

① 缪启愉教授认为，生物遗传的保守性就是生物在长期生长发育中逐渐同化外界条件所形成的稳定性。变异性是生物体因外界条件的变化而产生的变异，是后天形成的。参见贾思勰原著，缪启愉、缪桂龙译注：《齐民要术译注》卷四《种椒第四十三》注释，上海古籍出版社，2009年，268页。

② 这是2022年6月8日，习近平总书记在四川考察时的讲话。参见2022年6月11日新华社发布《总书记考察三苏祠，讲到三个关键词》，http：// www. news. cn/politics/leaders/2022 - 06/11/c_1128733379. htm。

③ 《四部备要·子部·齐民要术》，中华书局，1926年，据张海鹏《学津讨原》本排印版，明代王廷相后序。

[3] 惠富平. 试论中国农书的起源 [J]. 西北农业大学学报，1994，22（3）.

[4] 石声汉. 从《齐民要术》看中国古代的农业科学知识（续）：整理《齐民要术》的初步总结 [J]. 西北农学院学报，1957（1）.

[5] 石声汉. 从《齐民要术》看中国古代的农业科学知识：整理《齐民要术》的初步总结 [J]. 西北农学院学报，1956（2）.

二、《齐民要术》农学思想内涵、价值与应用*

李兴军

摘要：以农业哲学思想和农学思想为主要内容的传统农业思想，形成于中国传统哲学与生产生活的融合发展。学界对《齐民要术》的研究重于传统农业科技，而疏于农学思想的系统研究。本文通过文本研究，综合学界相关成果，结合当代农业发展，系统探析其农学思想内涵、价值，及指导和转化为实用技术的应用，认为《齐民要术》农学思想是继承中国传统哲学和农业哲学思想，创新发展为以农本和民本思想为本体，系统相关思想为核心，技术创新与综合经营思想为根本，用养结合、良种选育、防护与生态思想为支撑，勤俭节约思想为原则的完整体系，可为推进中华优秀传统文化"两创"、服务农业产业可持续发展提供思路借鉴。

关键词：《齐民要术》；农学思想；传统农业哲学；乡村振兴

马克思认为："任何真正的哲学都是自己时代的精神上的精华""人民最精致、最珍贵的和看不见的精髓都汇集在哲学思想里"[1]。中国传统哲学源于传统农耕社会生产生活实践，并与生产实践、经验和理论相互作用，形成以传统农业哲学思想和农学思想为主要内容的中国传统农业思想[2]，进而推动了中国传统农业的发展。"中国古代农业百科全书"《齐民要术》（以下简称《要术》），是我国南北朝及之前时期传统农业科学知识集成，其农学思想以传统哲学天地人宇宙系统论为理论基础，以我国传统农业哲学思维为基本范式，注重思想理论到生产实践的技术转化，代表了我国传统农业迄南北朝时期的发展水平。系统梳理《要术》农学思想，探析其内涵和在农业生产中的转化应用，对传承传统农业思想、推进中华优秀传统文化"两创"、服务现代农业高质量生态化发展、实现乡村全面振兴具有现实意义。

（一）《要术》农学思想具有传统哲学和农业哲学理论基础与思维特点

天地人宇宙系统论简称"三才论"，是中华民族共同具有的一种普遍而独

＊　山东省社会科学规划研究项目（20CPYJ10）。本篇文章发表于《古今农业》2024 年第 2 期。

特的系统论和逻辑思维方式。[2]"三才论"是一个动态逻辑系统，它以"人"为中心，以天、地与人的关系为对象，将世间万事万物万理置于由天、地、人组成的宇宙大系统中考察分析，探索和思考人与天、人与地、人与人、人与物，以及天与地、人与天地之间的动态谐和关系，形成了包括气论说、阴阳说、五行说、圜道观和尚中观在内的重要哲学思想，并不断融入生产生活和社会实际，从而奠定了中国式哲学思维范式，深刻地影响着中国传统农业思想发展。①

天体运动、气象变化、物候表征和农事活动和谐统一的农业哲学思想，滥觞于我国现存最早的月令性农历书《夏小正》，在此基础上，《吕氏春秋》建立了天地人相统一的思维模式，其中代表先秦农家学派的《上农》等四篇对"三才"的整体统一性论述已相当系统[2]，《氾胜之书》从思想认知到生产应用，作出实践性经验概括："凡耕之本，在于趣时，和土，务粪泽，早锄，早获。"②《要术》农学思想在传统"三才论"哲学理论和前人"上因天时，下尽地利，中用人力，是以群生遂长，五谷蕃殖"③农业哲学思想基础上，创新提出"顺天时，量地利，则用力少而成功多。任情返道，劳而无获"农学观，主张循天地之理、遵自然之道、适物性之宜、以尽人事之力的农业发展思维和哲学观，具有鲜明的天、地、人、物"四位一体"和谐统一传统哲学和农业哲学思维特点。

（二）《要术》农学思想具有传统农学思想涵养与思维程式

中国自古以农立国，农业发展史源远流长，创造了灿烂辉煌的农耕文明，长期位于世界农业强国之列。"中国古代社会以种植业为主，农业是国家经济的决定性部门，人们要搞好农业生产，最重要的而且首要的任务，就是认识掌握自然界四季寒暑、农时节令的变化，认识自然，遵循自然发展规律。"[3]"夫稼，为之者人也，生之者地也，养之者天也"（《吕氏春秋·审时》）反映了农业生产过程中天、地、人的作用和重要性。在农业生产实践中，中国人也因此发现和创制了基于和服务于农业生产的时间制度——二十四节气，形成了有效

---

① 郭文韬教授认为，中华民族一直把"三才论"作为考察一切具体事物的理论框架，把天地人宇宙系统的谐和统一作为思考中心和追求目标，从天地人三方面对对象的具体属性加以界定，寻找其与天地人三者的关系，确认在天地人宇宙系统中的位置，认为这是中国传统农学成为朴素的生态农学的主要原因。详见郭文韬：《中国传统农业思想研究》，中国农业科技出版社，2001年，9～22页。

② 此句为《齐民要术》卷一《耕田第一》引于《氾胜之书》的文字。《氾胜之书》，西汉成帝时由议郎氾胜之著，北宋初还有流传，宋末元初时原书已佚，现在所见是后人从《齐民要术》等书中辑佚而成，其内容可参见石声汉：《石声汉农史论文集》，中华书局，2008年，1～9页。

③ 此句为《齐民要术》卷一《种谷第三》引于《淮南子·主训术》文字。文中引文未注明出处者，皆为《齐民要术》原文或《齐民要术》引用的古籍，不另注。

指导农业生产的优秀农学思想，郭文韬教授总结为传统农学思想十论，即以天时、时序和气候、天气为内容的时气论，以地力常新为内容的土壤论，以农业生物（包括植物、动物和微生物）生物学特性为内容的物性论，以土壤耕作原理和原则为内容的耕道论，以"勉致人工，以助地力"为内容的粪壤论，以合理利用水资源为内容的水利论，以制作和使用农具为内容的农器论，以农牧结合为内容的畜牧论，以"四农必全"为内容的树艺论，以防治灾害为内容的灾害论等[2]，涵盖了农业生产的基本方面，成为保障中国传统农业和谐存续、生态平衡、科学发展的农学思想理论库。

《要术》以传统哲学和农业哲学思想为指导，遵循传统农学思维程式，系统总结前人经验理论，融入个人实践探索，形成了既有传统农学思维特点，又承前启后、理论与实践相结合、独具"贾学"特色的农学思想与技术应用体系，为传统农业赓续发展奠定了坚实基础。

（三）《要术》农学思想基本内涵、价值与应用分述

从贾思勰撰著《要术》的目的和态度，以及《要术》结构体例、内容构成与逻辑，特别是具体的农业技术记载，可窥见其思想端倪，重构《要术》农学思想体系。

1. 农本和民本思想：实现传统农业"要在安民，富而教之"的思想根源

即现代意义上的农业基础论和以人民为中心思维，也是贾思勰撰著《要术》指导和发展农业，实现"齐民"理想①的总根源和出发点。[4]"富而教"是儒家思想重要内容之一，《吕氏春秋》的《士容》《上农》篇，以及《史记·秦始皇本纪》"上农除末，黔首是富"的记载，是先秦时期农本思想的重要史证。汉初"休养生息"国策的实施，可视为农本和民本思想与现实发展需要充分融合的信史。贾思勰目睹了北魏时期战乱频仍、灾荒不断、生产凋敝的社会现实，总结了必须面对的"夫财货之生，既艰难矣，用之又无节；凡人之性，好懒惰矣，率之又不笃；加以政令失所，水旱为灾，一谷不登，啙腐相继"三类五大问题，即浪费、懒惰、组织不力的人的问题，政策的失策问题，自然灾害问题。[5]并在自序伊始便肯定前人"作农具、授民时、制土田"发展农业的重要意义，支持"食为政首"。《种谷第三》又强调："食者民之本，民者国之本，国者君之本""为治之本，务在安民；安民之本，在于足用"。《杂说第三十》进一步说明"饿、役死者，王政使然"，并直言不讳著书目的——"要在安民，富而教之"，体现出传统农本和民本思想的内在作用。序末，又特别阐

---

① 李梓豪、李兴军在《〈齐民要术〉对传统政德思想的继承与发展》中将《齐民要术》"要在安民，富而教之"概括为安民、富民、智民的"齐民"思想，详见《古今农业》2023 年第 2 期，第 17 页。

明受众，"鄙意晓示家童，未敢闻之有识"，这里的"家童"代指劳动群众[4]，也就是说，贾思勰著《要术》是为老百姓从事农业生产，以期天下"岁岁开广，百姓充给""聚落以至殷富"，乃至"富国利民"服务的。这些观点，既有以儒家思想为代表的传统哲学思想特质，又充分体现了贾思勰根深蒂固的农本和民本意识，思想转化为行动，著成 10 卷 92 篇"资生之业，靡不毕书"的《要术》。

2. 系统相关思想：农业生产全过程全要素关联的思维程式

即现代意义上的整体和共同体思维，强调天、地、人、物"四位一体"的动态和谐机制，是传统"三才论"思想的发展深化。《要术》系统相关思想强调"顺天时，量地利，则用力少而成功多。任情返道，劳而无获"，认为人在生产中的任务就是要做到时宜、地宜、物宜、法宜（即人力方面的农业技术、手段、方法与经营适宜），并作为根本农业法则，贯穿于《要术》农业生产技术介绍，体现了贾思勰对传统哲学天地人宇宙系统论，对传统农学时气论、土壤论、物性论、畜牧论、树艺论等思想的有益继承和转化应用，其根本目的，就是指导农民实现农业经营致富。

天有四季晨昏、寒暑风雨等"天时"特点；地有高下泽旱、土有刚弱肥瘠之别，乃至琐细的器物之分等"地利"差异，"人事"要与之相应，也即人在生产中要"与天地合其德，与日月合其明，与四时合其序""时止则止，时行则行"[6]，同时，还要结合物性，即生物（包括植物、动物和微生物）的生物学特性，进行科学生产。《要术》根据时气规律，结合地势、土壤条件，把作物种植时间、畜类孕产时间，分为上、中、下三时，根据物性特点，提出相应而有效的技术规范和管理措施：

农作类，如种谷："顺天时"则"二月上旬及麻菩、杨生种者为上时，三月上旬及清明节、桃始花为中时，四月上旬及枣叶生、桑花落为下时。""量地利"则"地势有良薄""山、泽有异宜"，谷类物性"成熟有早晚，苗秆有高下，收实有多少，质性有强弱，米味有美恶，粒实有息耗"。人力则宜相应而事，"良田宜种晚，薄田宜种早。良地非独宜晚，早亦无害；薄地宜早，晚必不成实也""山田种强苗……泽田种弱苗""岁道宜晚者，五月、六月初亦得"。

蔬果类，如种瓜："顺天时"则"二月上旬种者为上时，三月上旬为中时，四月上旬为下时。""量地利"则需"良田""良美地"，论物性"瓜性弱，苗不独生"；对应人力"须大豆为之起土"，具体技术为"纳瓜子四枚、大豆三个于堆旁向阳中。瓜生数叶，掐去豆"。

林木类，如种树："凡栽树，正月为上时，二月为中时，三月为下时。"

畜牧养殖类，如留鸡种："取桑落时生者良，春夏生者则不佳。"繁殖牛马："季春之月……合累牛、腾马，游牝于牧。仲夏之月……游牝别群，则絷腾狗。仲冬之月……马牛畜兽有放逸者，取之不诘。"留羊种："常留腊月、正月生羔为种者，上；十一月、二月生者，次之。"

农副产品类，因为原材料的丰富多样性和微生物作用的细微性，对时、地的要求更加精确严格。如造神曲：时间选择"七月取中寅日……日未出时"，又"大凡作曲，七月最良。……俗人多以七月七日作之"；环境条件"屋用草屋，勿使瓦屋。地须净扫，不得秽恶；勿冷湿"。如作酱：时间以"十二月、正月为上时，二月为中时，三月为下时"，器具选择"用不津瓮（瓮津则坏酱。尝为菹、酢者，亦不中用之）"，且瓮"置日中高处石上"。又如作豉法：宜以"四月、五月为上时，七月二十日后八月为中时；余月亦皆得作，然冬夏大寒大热，极难调适。大都每四时交会之际，节气未定，亦难得所。常以四孟月十日后作者，易成而好""屋必以草盖，瓦则不佳。密泥塞屋牖，无令风及虫鼠入也。开小户，仅得容人出入。厚作藁篱以闭户"。对技术规范的要求，如作秫、黍米酒："一斗曲，杀米二石一斗：第一酘，米三斗；停一宿，酘米五斗；又停再宿，酘米一石；又停三宿，酘米三斗。"作神酢（醋）法："瓮须好。……瓮常以绵幂之，不得盖。"又作糟酢法："盆覆，密泥。……瓮置屋下阴地。"

系统相关思想不是单一地就物论物、孤立地就事论事、盲目地就生产而生产，而是有机地将天、地、人、生产对象等融为一体，尽可能全面掌握影响因素，建立整体性、系统化发展共同体，进行综合思考，从而推动传统农业发展。

3. 技术创新与综合经营思想：富民理想的根本目标

即创新与整体效益优先思维，就是充分整合继承传统和民间实践经验，通过技术创新和综合经营实现农业丰产。《要术》强调"资生之业"的综合经营与发展，在继承和实践创新基础上，提出"顷不比亩善""多恶不如少善"的精耕细作理念，不再局限于单一农产品或农业产业经营，而是注重提高单位面积产量和农业综合经济效益，既有对传统哲学和农业哲学思想的遵循与拓展，又有对圜道论、耕道论、粪壤论、畜牧论、水利论、灾害论，特别是"四农必全"树艺论等传统农学思想的全面继承创新。该思想在《要术》中的应用主要体现为以下四个层面：

（1）倡导综合性经营提高农业整体效益

《要术》有着空前宏伟的整体性规模，内容"起自耕农，终于醯醢，资生之业，靡不毕书"，其技术内容涉及了农（包括粮食作物、油料和纤维作物、蔬菜、瓜果等）、林（包括建筑木材、果类等）、牧（包括肉用及役用的家禽、畜类）、副（包括农产品加工、生活用品制作）、渔（包括鱼类）等大农业生产的各个领域，虽然体现的是魏晋以来庄园经济的经营状况，但《要术》强调的发展农业综合经营以提高整体经济效益的思想，是符合经济发展规律的，也为今天农村产业振兴和现代农业综合发展提供了借鉴思路。

（2）注重技术创新提高综合经济效益

《要术》对当时及之前时期我国黄河中下游旱地农业的生产状况及技术作了系统精确总结，"是当时最全面、最系统、最丰富、最详尽的一部农业科学知识集成"[7]。更重要的是，贾思勰结合"验之行事"的实践探索，创新发展了传统农业生产技术，提出通过宏观的耕作制度改革、中观和微观的技术创新等措施，提高农业综合经济效益，为新时代黄河流域生态农业高质量发展提供了智慧支持。

宏观方面，体现为以保墒防旱为中心，对传统耕作制度、种植原则、生产工具的改革创新等全局性指导理念的确立。属改进耕作制度的有三：一是规范耕作原则，"凡秋耕欲深，春夏欲浅。犁欲廉，劳欲再"和不耕而种的耢耕（如小豆等）方法。二是改进传统"代田法""畎亩法"，继承和发展精耕细作"区田法"，其优点是"非必须良田""不先治地，便荒地为之"，倡导"少地之家，所宜遵用之"。三是明确了不宜连作的作物，如谷子（"谷田必须岁易"）、水稻（"唯岁易为良"）、大麻（"麻欲得良田，不用故墟"）等。属优化种植原则的有二：一是根据前作对后续轮作作物的影响和实践经验，提出作物与前作的最佳组合。如谷子的前作：绿豆、小豆、瓜（为上），大麻、黍、胡麻（次之），芜菁、大豆（为下）；黍穄的前作：新开荒（为上）、大豆（次之）、谷子（为下）；荚豆（青刈大豆）的前作：麦；小豆的前作：麦、谷子；大麻的前作：小豆；瓜的前作：小豆（佳）、黍（次之）、晚谷子（令地腻）；蔓菁的前作：大小麦；胡荽的前作：麦；紫草的前作：黍穄（大佳）。二是根据物性，利用作物间互利作用，提出适宜的间作、混作、套作技术。如林木类，桑下可间种绿豆、小豆、芜菁，因"二豆良美，润泽益桑"，胡荽、襄荷也可于树荫下种植，楮与大麻混种"秋冬仍留麻勿刈，为楮作暖（若不和麻子种，率多冻死）"，槐与大麻混种"麻熟刈去，独留槐。槐既细长，不能自立……（胁槐令长）。……若随宜取栽，非直长迟，树亦曲恶"；蔬菜类，瓜与大豆混种，因"瓜性弱，苗不独生，故须大豆为之起土"，大麻地里套种芜菁"拟收其根"等。属改进生产工具的，强调"耕、耢、下种田器，皆有便巧"，如选用三角耧（三犁共一牛）、长辕犁、两脚耧、蔚犁、耦犁等先进高效农具。

中观方面，体现为完善的田间管理技术，主要包括六个层面内容：一是深锄、多锄，除草养地、保墒防旱。如种谷"苗出垅则深锄。锄不厌数，周而复始，勿以无草而暂停（锄者非止除草，乃地熟而实多，糠薄米息。锄得十遍，便得'八米'也）"；大小麦"锄麦倍收，皮薄面多；而锋、劳、锄各得再遍为良也"；种瓜强调"多锄则饶子，不锄则无实（五谷、蔬菜、果蓏之属，皆如此也）"。二是多施肥，增进土壤肥力。继承传统粪壤论思想，并有精准化和普遍性转化应用，不另赘述。三是适时灌溉，保持土壤墒情。如种麻子"天旱，以流水浇之，树五升。无流水，曝井水，杀其寒气以浇之"；为防春旱可掩雪保墒种麦、瓜，"冬雨雪止，以物辄蔺麦上，掩其雪，勿令从风飞去。后雪，复如此。则麦耐旱，多实""冬瓜、越瓜、瓠子，十月区种，如区种瓜法。冬则推雪着区上为堆"；对种树则强调"时时溉灌，常令润泽"。四是使用适宜农具，便于作物田间管理。如种谷，根据长势和管理需要，分别使用小锄、鎒楼、镞锄、锋等四种不同形制农具："凡五谷，唯小锄为良"，因"小锄者，非直省功，谷亦倍胜。大锄者，草根繁茂，用功多而收益少"；当谷苗出垄后，"每一经雨，白背时，辄以铁齿鎒楼纵横杷而劳之"，用"铁齿鎒楼"；待谷苗长至马耳大小时"则镞锄"，镞，是尖锐如箭镞式的小型锄具；到了谷苗一尺高"锋之"，用"锋"这种农具。区种谷，针对谷苗和田间荒草长势，则用铲、刬镰两种不同农具，"区间草，以刬划之，若以锄锄。苗长不能耘之者，以刬镰比地刈其草"。五是合理间苗或补苗，保障全苗好苗。"（谷子）良田率一尺留一科"，而"稀豁之处，锄而补之（用功盖不足言，利益动能百倍）"。六是防治病虫害和自然灾害。病虫害防治详见下文。预防自然灾害，《要术》提倡使用间作、混作、套作等技术手段提高综合收益——"种谷必杂五种，以备灾害"，又强调有意识地种植救荒作物以备不时之需，记载了167种可代粮用的野生植物，包括产于黄河流域的稗、芋、芜菁、杏仁、桑葚、（柞）橡子等62种。[①]就具体灾害而言，防旱灾用区种法、"掩地雪"法保墒；果树花期防霜冻则用煴火烟气法，"往往贮恶草生粪。……放火作煴，少得烟气，则免于霜矣"。

微观方面，包括农林作物、畜禽类的选育种技术，以及家庭加工生产技术等方面的创新，分散于全书，不另赘述。

（3）提倡产业化经营提高综合经济效益

提倡农作物的经济化、特色化、规模化、多样化、错时化等"五化"经营。在长期观察思考和实践基础上，贾思勰认识到种植经济作物比单一粮作收益高，从而提倡多种经济作物。如在"近州郡都邑有市之处，负郭良田"种葵，可获"良田三十亩……胜作十顷谷田"的高经济效益。如种桑，"椹熟时，多收，曝干之，凶年粟少，可以当食"，既可采桑养蚕，又可桑下间作绿豆、小豆、芜菁，有兼收之利。再如种红蓝花，"负郭良田种一顷者，岁收绢三百

---

① 石声汉教授认为，《要术》10卷中，共记有167种可吃的植物，其中有62种是产于当时黄河流域的。贾思勰重视救荒的野生植物，影响到后来的农家多重"荒政"。明代王磐的《野菜谱》、周定王朱橚的《救荒本草》、鲍山的《野菜谱录》等，是对《齐民要术》中收录救荒植物的发展。参见石声汉：《从〈齐民要术〉看中国古代的农业科学知识（续）：整理〈齐民要术〉的初步总结》，《西北农学院学报》1957年1期，95页。

匹。一顷收子二百斛，与麻子同价，既任车脂，亦堪为烛，即是直头成米（二百石米，已当谷田；三百匹绢，超然在外）"，不仅如此，红蓝花还是古代制作胭脂等化妆品的重要原材料，其综合效益非单一粮作可比。此外，贾思勰还提出错时经营理念，"凡采五谷、菜子，皆须初熟日采，将种时采，收利必倍。凡冬采豆谷，至夏秋初雨潦之时采之，价亦倍矣"，具有可贵的超前思维。

（4）延长生产链提高综合经济收益

《种胡荽第二十四》载：胡荽密种，除可自食和"卖供生菜"，还可"取子"卖，"一亩收十石，都邑卒卖，石堪一匹绢"，一亩胡荽种子可抵十匹绢的收入。如果深加工做成菹菜（酸菜或盐渍菜），"一亩两载，载直绢三匹"，一亩胡荽还能抵得上六匹绢的收入，说明经济作物可通过卖或深加工方式延长生产链，提高收益。这说明，如果采用合理方式延长作物生产链，能大幅度提高农业生产经营效益，这一先进理念在1 500年前是难能可贵的，至今仍然得到广泛应用和创新，是现代农业产业化发展的重要方向和内容。

4. 用养结合思想：农业可持续发展的基本保障

即现代意义上的可持续发展思维。农业生产离不开光照、土壤和水三大元素，而土壤肥瘠直接关系到作物生长优劣。《管子·地员篇》有"草木之道，各有谷造"说，认为天然植物能为土壤提供天然养料，说明当时人们已认识到植物和土壤间互为依存关系。我国人民早在周代就认识到了自然土壤和农业土壤间的区别[2]，东汉郑玄认为"以万物自生焉，则言土。……以人所耕而树艺焉，则言壤"。自然之土依靠自然植被恢复地力，是一个自循环的封闭系统，农业土壤则是一个复杂的开放系统，除了靠自然植被恢复一定肥力外，还必须人工辅助养地，才能实现物质转换和能量循环的持续性，保持"地力常新壮"，防止耕地质量退化。如果对农业土壤只"取"不"予"，终将丧失其利用价值。[2]《要术》用养结合思想既有对圜道观、尚中观、五行说等传统哲学思想的发扬，又充分吸纳了土壤论、耕道论、粪壤论、水利论等传统农学思想精华，有鲜明的创造性转化、创新性发展特色，其转化应用在《要术》中主要体现为以下四个层面：

（1）注重地力研判与合理应用

《要术》在具有总论性质的《耕地第一》《收种第二》《种谷第三》中，提出研判和合理利用土地的基本原则："地势有良薄""山、泽有异宜""肥、墝、高、下，各因其宜"，应当"顺天时，量地利"，强调"良田宜种晚，薄田宜种早。良地非独宜晚，早亦无害；薄地宜早，晚必不成实也"。而"丘陵、阪险不生五谷者，树以竹木"，对蔬果类又大多选择"负郭良田""良美地"，种枣树又"阜劳之地，不任耕稼者"等，这些耕种原则至今沿用。

（2）重视中耕管理增地力提产量

中耕管理是农业生产的重要环节，对养地、除荒、护稼、增产都有重要作用。如粮作（种谷）："苗生如马耳则镞锄。稀豁之处，锄而补之（用功盖不足言，利益动能百倍）。凡五谷，唯小锄为良（小锄者，非直省功，谷亦倍胜。大锄者，草根繁茂，用功多而收益少）""苗出垄则深锄。锄不厌数，周而复始，勿以无草而暂停（锄者非止除草，乃地熟而实多，糠薄米息。锄得十遍，便得'八米'也）""苗既出垄，每一经雨，白背时，辄以铁齿镉榛纵横耙而劳之"。蔬果类："瓜生，比至初花，必须三四遍熟锄，勿令有草生。草生，胁瓜无子。……蔓广则歧多，歧多则饶子。……无歧而花者，皆是浪花，终无瓜矣。"枣树管理："正月一日日出时，反斧斑驳椎之，名曰'嫁枣'（不椎则花而无实；斫则子萎而落也）。候大蚕入簇，以杖击其枝间，振去狂花（不打，花繁，不实不成）。"这些仍是现代农业中耕管理的重要内容。

（3）提倡肥培增进地力

对传统粪壤论"勉致人工，以助地力"思想的丰富和发展，在《要术》中主要体现为三：一是，注重保墒养地。最典型的是建立了我国北方旱作农业区"耕-耙-糖"防旱保墒技术体系，此外还记载了"掩地雪"保泽法、复耕和土法、逐隈曲而田法（种水稻）、瓮水区种法（种瓜）等。二是，种植绿肥进行生物养地。创新发展了圜道观和"五行说"等传统哲学和农业哲学思想，提倡利用作物间互利关系种植绿肥，提高土壤肥力，是明确稻田外绿肥作用的最早记录。[①]《要术》屡次提到种植豆类作物和利用自然野草为绿肥原料，如《耕田第一》载："秋耕掩青者为上（比至冬月，青草复生者，其美与小豆同也）""凡美田之法，绿豆为上，小豆、胡麻次之。悉皆五、六月中穊种，七月、八月犁掩杀之，为春谷田，则亩收十石，其美与蚕矢、熟粪同"。《水稻第十一》引《礼记·月令》载："季夏……大雨时行，乃烧、薙，行水，利以杀草，如以热汤。可以粪田畴，可以美土强。"三是，人工培肥养地。如卷前《杂说》所载"踏粪法"、《蔓菁第十八》使用"故墟新粪坏墙垣"作肥种植蔬菜法等。

（4）注重改变耕种方式改善土壤结构

作物生长除受本身物性、土壤肥瘠和天时等因素影响外，人力作用也是重要因素之一，《要术》以用养结合思维提出两种人力作用重点。一是，提倡粮

---

①　石声汉教授认为，《周官·稻人》已有稻田芟下的野草沤在田里，有绿肥作用的记载，但语义不明，他认为这是那时古人认识还不很明确的表现；到《要术》所引《礼记·月令》时才明确提出使用绿肥的意义。氾胜之没有说明"成良田"是因为无草或草烂，而《要术》成为稻田以外肯定绿肥作用的最早记载。参见石声汉：《从〈齐民要术〉看中国古代的农业科学知识（续）：整理〈齐民要术〉的初步总结》，《西北农学院学报》1957 年 1 期，86 页。

肥、粮粮和粮菜作物轮作，如大豆、谷子与黍稷，荚豆与麦，大麻与小豆，蔓菁与大小麦等轮作，充分考虑到了人力作用与物性特点、作物连作之间的利弊关系，实用价值不言而喻。二是，通过土壤翻耕、免耕（即不耕而种，如《耕田第一》中提到的稴种）结合方式，维持土壤肥力。

5. 良种选育思想：农业优质高效发展的核心保障

即现代科学意义上的农业种源关键核心技术创新思维。种子，是制约农业发展的关键核心。我国是世界三大农业发祥地和世界八大作物起源地之一，作物栽培史悠久。据统计，目前我国有利用价值的各类植物1万余种，仍在种植的840余种，200余种作物、40余万份作物种质资源编目入库（圃）保存，实现数据共享。[8]《要术》继承发展了传统农学物性论思想，在继承作物栽培优良传统的同时，特别强调种子选育、处理、存储和繁育，以及新品种改良的重要性，具体表现为：

（1）重视作物种子的品质、纯度、优良度和出苗率

第一，重视选种，强调种子品质和纯度，做法包括留种作物单独种植、择优收获，保证种子优良度的穗选法，利用浮力或风力剔除劣质和未成熟种子的水选法、风选法。穗选法如《收种第二》载："常岁岁别收：选好穗纯色者，剿刈高悬之。至春治取，别种，以拟明年种子。……先治而别埋（先治，场净不杂；窖埋，又胜器盛），还以所治囊草蔽窖（不尔，必有为杂之患）。"水选法如《收种第二》载："将种前二十许日，开出，水淘（浮秕去则无莠）。"又如《水稻第十一》载："净淘种子（浮者不去，秋则生稗）。"《种瓜第十四》中也提到种茄子要"水淘子，取沉者"。风选法如《种瓜第十四》载："食瓜时，美者收取，即以细糠拌之，日曝向燥，挼而簸之，净而且速也。"

第二，重视种子防虫处理，保障种子发芽率。如《收种第二》载："取麦种，候熟可获，择穗大强者斩，束，立场中之高燥处，曝使极燥。无令有白鱼；有辄扬治之。取干艾杂藏之，麦一石，艾一把。藏以瓦器、竹器。顺时种之，则收常倍。"

第三，重视种子出苗率。一是溲种，即用煮动物骨头产生的骨汁浸泡具有药性的植物（《要术》提到用中药"附子"），再漉去植物，加入粪，拌附在种粒上，反复拌六七次，种前再拌一次。溲种既具有早苗、全苗、壮苗功效，也具有保墒和增产的间接效应。① 二是晒种，分为贮藏前晒种和播种前晒种，贮藏前晒种是为了蒸发多余水分，防止种子发热变质，影响种子品质和发芽率。[4]如对麦种"曝使极燥。无令有白鱼；有辄扬治之。取干艾杂藏之"，不仅

---

① 关于溲种，参见贾思勰原著，缪启愉、缪桂龙译注：《齐民要术译注》，上海古籍出版社，2009年，65页。

曝晒而且加入中药类的干艾防虫；《大小麦第十》中"窖麦法"提到："必须日曝令干，及热埋之"；《种栗第三十八》引《食经》"藏干栗法"提到"取穰灰，淋取汁渍栗。出，日中晒，令栗肉焦燥。可不畏虫，得至后年春夏"，藏生栗也强调"晒细沙可燥，以盆覆之。至后年二月，皆生芽而不虫者也"。播种前晒种是为了降低种子含水量，促进种子后熟，提高种子发芽率，同时也有一定的杀菌作用。[4]如葵"临种时，必燥曝葵子"；谷、黍穄、梁秫、胡荽、桑、柘等也都有晒种记载。三是浸种催芽，即浸泡种子，促使其播种后较快发芽，或通过浸种促使种子先发芽再播种，利于复壮。如《种麻第八》中提到"泽多者，先渍麻子令芽生"，《水稻第十一》中也有"渍经三宿，漉出，内草篅中裹之。复经三宿，芽生，长二分，一亩三升掷"，《要术》中有浸、催单用和并用两种情况。

（2）重视林木、畜类的良种选育、繁育

林木、畜类良种选育、繁育涉及生物学、遗传学等知识，《要术》成书时代虽无现代科技理论支撑，但贾思勰"采捃经传，爰及歌谣，询之老农，验之行事"，总结了当时最先进的良种选育、繁育技术经验，如林木扦插繁殖、根蘖分株繁殖、接穗嫁接繁殖、插压条繁殖等；畜类良种选育、繁育，强调优胜劣汰原则，注重畜类受孕时间、亲代和杂交后代的关系等，不赘述。

（3）对作物遗传和变异性的科学认知与合理应用

我国生物种质资源类多量大，生物遗传资源变异丰富，经过长期的自然和人工选择，形成丰富多样的生物品种与类型。① 贾氏在继承传统栽培作物遗传性相关知识的基础上，实质上理解了基因遗传对作物生长、管理、收获和果实品质的影响，提出相应措施和解决办法。

粮蔬类：《要术》指出要根据作物成熟特点进行收获，"凡谷，成熟有早晚，苗秆有高下，收实有多少，质性有强弱，米味有美恶，粒实有息耗"；黍穄收割要"穄青喉，黍折头"；梁秫要"收刈欲晚（性不零落，早刈损实）"；大豆"收刈欲晚（此不零落，刈早损实）。必须耧下（种欲深故。豆性强，苗深则及泽）。锋、耩各一。锄不过再。叶落尽，然后刈（叶不尽，则难治）"。又发现"韭性内生，不向外长，围种令科成""根性上跳，故须深也""韭性多秽，数拔为良"，而芸薹、蜀芥等"性不耐寒"，蓼"性易凋零"，荏"性甚易生。……园畔漫掷，便岁岁自生矣"，葡萄"蔓延，性缘不能自举，作架以承之。……十月中，去根一步许，掘作坑，收卷蒲萄悉埋之。近枝茎薄安黍穰弥佳。无穰，直安土亦得。……性不耐寒，不埋即死"，而栗"种而不栽（栽者

---

① 详见刘旭、王宝卿、王秀东等著《中国作物栽培史》第14~16页"丰富的种质资源"部分观点。

虽生，寻死矣）"，柰、林檎"根不浮秽，栽故难求，是以须压也"等。

林果类：桃"性早实，三岁便结子，故不求栽也"；李"性耐久，树得三十年；老虽枝枯，子亦不细"；黄鲁桑又"不耐久"；枣"性硬……坚强，不宜苗稼"；而"桃性易种难栽"；樱桃移栽"阳中者还种阳地，阴中者还种阴地（若阴阳易地则难生，生亦不实：此果性，生阴地，既入园圃，便是阳中，故多难得生）"；榆"性扇地，其阴下五谷不植"，且"性软，久无不曲。……且天性多曲，条直者少；长又迟缓，积年方得"；而白杨"性甚劲直，堪为屋材"；竹"性爱向西南引，故于园东北角种之。数岁之后，自当满园"。

畜类：强调"服牛乘马，量其力能；寒温饮饲，适其天性"，认识到羊"性怯弱，不能御物"，且"有角者，喜相觝触"，羖羊"性不耐寒，（毛）早铰值寒则冻死。双生者多，易为繁息；性既丰乳，有酥酪之饶；毛堪酒袋，兼绳索之利"，猪"牡性游荡，若非家生，则喜浪失"，且"处不厌秽""性甚便水生之草，杷耧水藻等令近岸，猪则食之，皆肥"等。

对变异性的认知与应用方面，《要术》初步认识到了遗传变异对作物的影响，提供了可选择的作物品种。如林果类：梨"稸生及种而不栽者，则着子迟。每梨有十许子，唯二子生梨，余皆生杜"。粮蔬类：已认识到了同一作物的变异分化，列举了86个当时粟的品种，对其成熟期、高矮、抗旱性、产量、品质作了细致分类；种蒜，"收条中子种者，一年为独瓣；种二年者，则成大蒜，科皆如拳，又逾于凡蒜矣"，又"今并州无大蒜，朝歌取种，一岁之后，还成百子蒜矣，其瓣粗细，正与条中子同。芜菁根，其大如碗口，虽种他州子，一年亦变大。蒜瓣变小，芜菁根变大，二事相反，其理难推。又八月中方得熟，九月中始刈得花子。至于五谷、蔬、果，与余州早晚不殊，亦一异也。并州豌豆，度井陉以东，山东谷子，入壶关、上党，苗而无实。皆余目所亲见，非信传疑：盖土地之异者也"。如果说《要术》对大蒜、芜菁、并州豌豆、山东谷子的变异认知还有传统"土地之异"的经验判断；那么对于椒"此物性不耐寒，阳中之树，冬须草裹（不裹即死）。其生小阴中者，少禀寒气，则不用裹（所谓'习以性成'。一木之性，寒暑异容；若朱、蓝之染，能不易质？故'观邻识士，见友知人'也）"则已有初步科学意义上"习以性成"的理论重建。

此外，《要术》已阐述人工杂交培育新品种的系列技术措施，即根据动植物遗传和变异特点，融合双方优点而培育新品种的无性杂交和有性杂交方式。如林果类选取优良同属对象作为砧木嫁接梨、柿，即无性杂交方式，取得早熟、丰产的新品种。对畜类（驴、马）的有性杂交分为"驴覆马"和"马覆驴"两种情况，从实践中得出"以马覆驴，所生骡者，形容壮大，弥复胜马。然必选七八岁草驴，骨目正大者：母长则受驹，父大则子壮"，为繁育优质畜类提供了新途径。

《要术》优秀农学思想不仅继承了传统农学思想精华，而且通过实践验证形成了基本的科学性规律认知和技术措施，为传统农业发展提供了理论和实践依据，也启发我们组织农业生产活动，必须坚持天、地、人、物的"四位一体"动态协调原则。

6. 防护与生态思想：农业绿色循环发展的关键保障

即现代意义上问题导向下的主动干预和绿色生态发展思维，是对尚中观、灾害论等传统哲学和农学思想的继承发展。《要术》的应用主要体现为对生物成长造成影响，甚至危害问题的处理，对农业生产、农家生活等生态化发展问题的合理规划经营。

防护思想及应用主要集中于影响生产，甚至危害作物生长的杂草、鸟畜破坏、病虫害等常见问题，以及对旱、涝、霜冻等自然灾害的认知与处理。杂草处理，一是重视烧荒除草，或使用牛、羊等畜类"践之"令草浮根除草，或秇草为肥（培制绿肥）变害为利，在继承传统做法的同时，创新了绿肥培制技术。二是从耕作制度上提出合理轮作，以减少杂草。如谷子、大麻不宜连作，并针对不同种植需求分类提供了几十个谷子品种，为农户合理化选择提供了极大便利；对水稻直播无法避免重茬问题，在当时没有专门育秧田的情况下，提出除尽杂草后拔稻重栽，为后世育秧插稻技术创新提供了思路。三是强调"锄不厌数，周而复始，勿以无草而暂停"的中耕除草管理。如"（谷）非止除草，乃地熟而实多，糠薄米息"，韭"薅令常净（韭性多秒，数拔为良）"等，进一步丰富了传统中耕管理内涵。

预防鸟畜等破坏，一是重视源头，选择抗逆性作物抵御鸟畜破坏，如谷，列举了24种"穗皆有毛，耐风，免雀暴"的优良品种。二是注重人为干预，进行针对性人工驱赶，如"麻生数日中，常驱雀（叶青乃止）"。三是发挥物性特点种植或制作园篱防六畜，如"凡五谷地畔近道者，多为六畜所犯，宜种胡麻、麻子以遮之（胡麻，六畜不食；麻子啮头，则科大）"；荏"雀甚嗜之，必须近人家种矣"；栽树强调"凡栽树讫，皆不用手捉，及六畜抵突"；枣如"全赤久不收，则皮硬，复有乌鸟之患"；种竹强调"勿令六畜入园"；而榆不宜地畔种，因易"致雀损谷"。针对园艺作物，还可通过种植酸枣、柳、榆等制作"枳棘之篱""折柳樊圃"，以取得"狐狼亦自息望而回"的防护效果。

病虫害是农业无法回避的突出问题，《要术》整理前人经验，结合实践，提出针对一般生物病虫害的人工干预、以物抑制、药物辅助、高温杀虫、以火灭虫等防治思想和技术措施，以及防治微生物的类"无菌操作"理念与实用技术，创新丰富了传统农业病虫害防治理论和技术体系。

生物虫害防治方面，注重人工干预，强调掌握物性及相互关系，明确天时地宜，发挥人的主观能动性，从而实现天、地、人、物和谐，为动植物生长提供有利条件。植物类病虫害防治，如种谷"以原蚕矢杂禾种种之，则禾不虫"，种粱秫强调"薄地而稀"，因为"地良多秕尾，苗概穗不成"，种枣"荒秽则虫生，所以须净"，种麻"欲得良田，不用故墟（故墟亦良，有点叶夭折之患，不任作布也）"，种瓜"凡种法：先以水净淘瓜子，以盐和之（盐和则不笼死）"，还有牛、羊骨髓除蚁法等。动物类病害防治，主要集中于畜类的育、饲、用过程中容易产生的疫病处理，收集了专医马方30个、牛方10个、羊方7个、驴方1个、牛马兼医方1个等中国古兽医医方[9]，以及注重存放条件、用薪灰处理"令毡不生虫法"等。以物抑物，是基于物性特点，以此物之长抑制彼物之短，实现病害防治，如种谷强调"薄田不能粪者，以原蚕矢杂禾种种之，则禾不虫"。药物辅助，是以药物帮助作物提高抗病力，如溲（粪）种法用兽骨等加中药附子煮汁浸种"令稼不蝗虫，骨汁及缲蛹汁皆肥，使稼耐旱，终岁不失于获"，这一思想启发了后世种子包衣的发明。高温杀虫，如"藏干栗法"提出日晒"令栗肉焦燥"，"藏生栗法"提出"晒细沙"，可使栗"至后年二月，皆生芽而不虫"。以火灭虫在我国有悠久历史，《诗经》中已有"秉畀炎火"防治病虫害记载，《要术》中"凡五果及桑，正月一日鸡鸣时，把火遍照其下，则无虫灾"，非无稽迷信，是对传统以火灭虫的继承。

类"无菌操作"主要是预防农副产品加工过程中的病菌侵害。虽然《要术》成书时代不可能拥有现在"无菌操作"的条件，但当时人们已认识到微生物作用和相关影响因素，有了近似"无菌操作"的超前理念，从而强调制作原材料、环境、水质、时间、温度、程序、器具等诸多影响因素，如制酪、酿酒、制酱、制豉等技术，具体内容不再赘述。

预防自然灾害，是人类从古至今必须面对的现实问题。《要术》除继承前人经验外，还有了思想预防与技术应对上的进一步发展，形成我国农业较系统的灾害防治方案和技术措施。如"种谷必杂五种，以备灾害"的预防思想。又如"不耕旁地，庶尽地力"而集中水、肥的区田法、瓮水区种法等传统防旱技术措施。防霜冻，《栽树第三十二》载："凡五果，花盛时遭霜，则无子。常预于园中，往往贮恶草生粪。天雨新晴，北风寒切，是夜必霜，此时放火作煴，少得烟气，则免于霜矣。"贾氏对成霜的认知接近成霜的科学原理，缪启愉教授认为这是"富于科学性的古代气象预报，是贾思勰观察入微的经验总结"[10]。防露伤黍，如《黍穄第四》："令两人对持长索，搜去其露，日出乃止。"防寒冻，如《种蒜第十九》中提到"冬寒，取谷得布地，一行蒜，一行得（不尔则冻死）"，蜀椒北植"冬须草裹（不裹即死）"等。

农业生产、农家生活中的生态化管理思想，注重农业生产、生活与环境之间的动态和谐关系。"中国农业文化的特色在于它非常注重通过人力协调农业生产与环境条件的关系，是一种生态型文化。……农业生产以及生活是中心事物……包含大量合理性和科学性成分。"[11]传统农学认为，农业生态系统由动植物、天、地、人四大要素构成[11]，《要术》肯定"种谷必杂五种，以备灾害""还庐树桑，菜茹有畦，瓜、瓠、果、蓏，殖于疆易"优良传统，注重由"天"及"物"至"人"和谐一体的关系。《要术》强调作物"杂种"可保障生活；又强调"田中不得有树，用妨五谷（五谷之田，不宜树果）""非直妨耕种，损禾苗，抑亦惰夫之所休息，竖子之所嬉游"，体现了粮作与树、人之间和谐相生的生态理念；对林木，更是强调"草木未落，斤斧不入山林"的生态发展理念。在技术操作上，注重因地因人而异，择其适者而为之，如插梨"园中者，用旁枝；庭前者，中心（旁枝，树下易收；中心，上耸不妨）。用根蒂小枝，树形可喜，五年方结子；鸠脚老枝，三年即结子，而树丑"。又如养羊"圈不厌近，必须与人居相连，开窗向圈（所以然者，羊性怯弱，不能御物，狼一入圈，或能绝群）"，体现了人畜和谐相处的生态理念。

7. 勤俭节约思想：农业和谐发展的原则遵循

勤俭节约思想源于农耕社会的传统美德，既有对"稼穑艰难"生产性不易的关注，又有对"财货之生，既艰难矣"经营性不易的重视。《要术》除了对优良传统的继承外，还包含了对人为和自然两方面因素的综合考量。人为因素，包括对人"用之无节""好懒惰"造成资源匮乏的准确把握，对"率之不笃"生产经营组织不力的痛心焦虑，以及对"政令失所"政策不当造成社会消极的清醒判断。自然因素，主要是对"水旱为灾，一谷不登，嗷膆相继"造成严重后果的深刻认知与忧虑，从而主张节俭备荒、"用之以节"，反对"舍本逐末""匹诸浮伪"，提倡"人生在勤，勤则不匮""力能胜贫，谨能胜祸""谨身节用"的正确生活观，杜绝"既饱而后轻食，既暖而后轻衣。或由年谷丰穰，而忽于蓄积；或由布帛优赡，而轻于施与"的社会陋习。在世界气候变化和"百年未有之大变局"加速演进的背景下，勤俭节约思想仍应被我们继承发扬。

结　语

《要术》农学思想以传统哲学思想为指导，以传统农业哲学思想为遵循，与传统农业生产生活深度融合，既有对我国传统哲学和农业哲学思想的吸收和转化应用，又有对传统农学的理论性总结阐发和创新发展。受时代和科学发展限制，《要术》农学思想不可避免存在一定局限性，但其以农本和民本为出发点，系统相关为思维程式，技术创新和综合经营为发展目标，用养结合、良种选育、防护与生态思想为系统保障，勤俭节约为原则的农学思想体系，回答了传统农学"为谁""做什么""怎么做"的逻辑问题，从理论和实践对传统农业的健康可持续发展提供了思路和措施，是推动农业高质量发展的本体论、认识论和方法论，其应用价值仍然在现代农业中发挥着不可估量的作用，是端牢中国饭碗、发展现代优质高效农业、实现乡村全面振兴不可多得的宝贵思想财富。

［参考文献］

［1］中共中央马克思恩格斯列宁斯大林著作编译局．马克思恩格斯全集：第1卷［M］．2版．北京：人民出版社，1995．

［2］郭文韬．中国传统农业思想研究［M］．北京：中国农业科技出版社，2001．

［3］胡泽学，付娟．论中华农耕文化对早期中国传统哲学发展的贡献［J］．农业考古，2021（4）．

［4］缪启愉．国学大课堂：齐民要术导读［M］．北京：中国国际广播出版社，2008．

［5］李梓豪，李兴军．《齐民要术》对传统政德思想的继承与发展［J］．古今农业，2023（2）．

［6］黄寿祺，张善文．周易译注［M］．上海：上海古籍出版社，2007．

［7］石声汉．从《齐民要术》看中国古代的农业科学知识：整理《齐民要术》的初步总结［J］．西北农学院学报，1956（2）．

［8］刘旭，王宝卿，王秀东，等．中国作物栽培史［M］．北京：中国农业出版社，2022．

［9］石声汉．从《齐民要术》看中国古代的农业科学知识（续）：整理《齐民要术》的初步总结［J］．西北农学院学报，1957（1）．

［10］贾思勰．齐民要术译注［M］．缪启愉，缪桂龙，译注．上海：上海古籍出版社，2009．

［11］惠富平．中国传统农业生态文化［M］．北京：中国农业科学技术出版社，2014．

跋　为之者何与以何为之

　　自 2021 年 9 月 27 日第一首译诗始，至 2022 年 3 月 31 日卷前《杂说》诗译毕，再到 2022 年 4 月 15 日，用《齐民要术》原文、结合专家观点为全诗作注草稿的完成，历时半年多时间，我最终完成《齐民要术诗译》。这期间碰上新冠疫情反复，单位封闭管理，我虽不能外出却能心无旁骛专心为之，又反复炼词艰难酌定，虽未尽善，但，终于可以稍松口气，剩下的就只待农史与古诗词专家、学者，以及读者的批评和时间的浪淘，而对于我，只有等待教诲指正的份了。

　　我对贾思勰《齐民要术》的研究兴趣，始于 2009 年 52 集电视动画片《农圣贾思勰》剧本的创作起步阶段。10 余年来，每每捧读未辍，每每读之有感，总会产生一些新的想法，或注于原籍，或记于学习札记，或记于手机备忘录。总之，总意图通过另一种形式或另一种途径来表达自己的想法和感悟，哪怕仅是一点点不成熟的想法。因为一些想法可能就在一瞬，不记下来往往有遗珠之憾。受年龄和记忆的影响，散步时或晚上躺在床上想一些问题，有时会形成一些自认为较好的思路，如果不记下来第二天总要费很大周折从头思考，有时甚至劳而无获，懊悔之情溢于言表。所以，床头常备笔本成了我的习惯。《齐民要术诗译》的想法即成于床榻之上。而当时的想法，一是用七言律诗来译解《齐民要术》全书，大概能凑个百首。二是，如果有可能再为每篇作一幅国画，姑且称之"新农耕画"。但拘于自己是美术"门外汉"，又恐短时间内难以成就，最后只能以诗来呈现了。为了弥补这一缺憾，我暂把当年单位请首都师范大学杨藩博士创作的《农圣归里图》附后以缀玉补彩。之前我也曾就此画写过八首七绝，以及部分与农业、农圣相关的诗作，在此一并收入本书，部分旧作虽与《齐民要术》无大关联，但总归是农圣文化的一部分，总计 119 首诗词（联），凑足"百首"之谓，大概也无违于"诗译"一说。

　　创作本书，往高了说是为"创造性转化、创新性发展"中华优秀传统文化；实在点讲，也是想让更多的人重新认知贾思勰和《齐民要术》。这不仅因为学术界认同贾思勰是北魏时期的寿光人，是我家乡的先贤；更在于《齐民要术》在人类农业科技发展史上的伟大贡献、重大影响和突出地位，以及其中所践行和体现出来的具有中国特色的优秀传统农学思想、历久弥新的人文精神、极具启发意义的科技探索与创新，对今天包括农业生产、生活，乃至更广阔领域仍然具有重要参考价值和借鉴意义。正如我自攀自许其私淑的西北农林科技大学樊志民教授所言:"不要把贾思勰《齐民要术》仅仅看成是寿光的,也不要仅仅看成是山东的、中国的,他应该是世界的……"对我来讲,用诗来译解《齐民要术》不仅出于对先贤仰之弥高的敬畏,更源于研究赓续之担当与责任。再者,我对贾思勰《齐民要术》所谓的"研究",与严格的学术研究有着一些差别,虽有一些认识体现了自己的思考,毕竟仅涉水湄而尚未及渊,终究质量不高。10 多年来,在这方面我主要做了以下几件事:

一是创作了 52 集电视动画片《农圣贾思勰》剧本。《农圣贾思勰》2018年 12 月 16 日在中央电视台新科动漫频道正式播出,播出后的第 4 天,即 12月 20 日,就在北京梅地亚中心举行了由中国艺术报社、寿光市人民政府、潍坊科技学院联合主办的作品研讨会。之后,该片又先后在山东卫视少儿频道、潍坊电视台、寿光电视台、潍坊融媒 App、学习强国 App 展播。2019 年,该片荣获第十三届山东省文艺精品工程奖,2020 年入选教育部高校原创文化精品推广行动计划。虽初涉影视编剧,作品质量有待提高,但剧本的创作让我涉猎诸多专家前贤关于贾思勰《齐民要术》的研究珠玑,为我的研究起步打下了坚实基础。

二是建立了"农圣文化"理论体系。2017 年,时任寿光市《齐民要术》研究会会长刘效武先生组织编撰"中华农圣贾思勰与《齐民要术》研究丛书",我参与其中并在出版时忝为丛书副主编,我著的《〈齐民要术〉之农学文化思想内涵研究及解读》是该套丛书之一。丛书获得国家出版基金资助,并被列入"十三五"国家重点图书出版规划。在此基础上,2019 年科学出版社出版了我的专著《农圣文化概论》,成为我研究"贾学"别途新立的一个重要节点。

三是主持建设了山东省高等学校人文社会科学研究基地——农圣文化研究中心(2017 年),2019 年该中心获评"山东省社会科学普及教育基地"。在中心筹建过程中,不仅收到了中国农业历史学会、山东省农业历史学会的支持函,还得到了南京农业大学王思明教授、沈志忠教授,西北农林科技大学樊志民教授,全国农业展览馆(中国农业博物馆)曹幸穗研究员、徐旺生研究员,农业农村部农村经济研究中心王欧研究员,山东农业大学孙金荣教授等专家学者的鼎力支持。正是专家学者的鼓励,让我有了更多机会听取教诲,明确研究方向。在此也表示衷心的感谢。

四是主持组建了农学思想与《齐民要术》专业委员会,成为中国农业历史学会下属三个全国性专委会之一,这要感谢农业农村部农村经济研究中心、山东农业大学、青岛农业大学三家集体会员单位的大力支持推荐。2020 年又推动学校发展为中国农业历史学会副理事长单位。

五是主持建设了潍坊科技学院农圣文化展馆。2018 年 4 月,正逢第九届中华农圣文化国际研讨会,有幸得到王思明、樊志民、倪根金(华南农业大学教授）、魏琦（时任农业农村部农村经济研究中心党组书记）、高传杰（时任山东省农业展览馆馆长）的指导，我茅塞顿开。历经三年筹备和文案修改，2020年12月8日，农圣文化展馆正式开馆，2021年入选寿光市首批思政课实践教学基地。2021年7月21日，中国华文教育基金会在展馆组织第308期实景课堂直播《农学家——贾思勰》，来自全球39个国家54 529个登录点的师生通过镜头参与课堂，我也作为辅导教师讲解了《齐民要术》的世界传播与影响。

六是主持组织了第九届（2018年）、第十届（2019年）、第十一届（2021年）三届中华农圣文化国际研讨会。特别是第九届中华农圣文化国际研讨会，有幸得到"东西南北"国内四大农史研究高校的专家，以及中国农业历史学会、农业农村部农村经济研究中心、山东省社科联、山东省农业展览馆、浙江大学、南京大学、山东大学、郑州大学等33所国内外高校、科研院所的70余名专家学者的与会支持，会议收到中外专家参会论文145篇，学术影响和社会影响得到极大提升。第十届中华农圣文化国际研讨会与中国农业史青年论坛暨中国农业历史学会年会（2019年）"三会合一"举行，全国农史领域的青年翘楚、权威专家，以及来自日本、韩国、美国等相关领域的专家学者齐聚潍坊科技学院，成为轰动寿光，乃至全国农史界的一件盛事。时任中国农业历史学会副理事长、南京农业大学惠富平教授在总结点评中认为："《齐民要术》研究到了一个新的阶段，研究阵地和研究中心已经转移到了贾思勰的故乡，转到了潍坊科技学院。《齐民要术》像一棵常青藤，把从20世纪至今百年的农业史研究联系在一起，把中、日、韩农史研究结合在一起，也把各位专家与农圣故里寿光联系在一起，没有这本书，我们今天就走不到一起，也坐不到一起。在农业历史文化研究的机遇期，这一农史文化的常青藤更加繁盛，更加有生命力。潍坊科技学院还计划进一步加强《齐民要术》的研究和传播工作，准备形成全方位的、立体的传播方式和研究模式。对青年学者来说，《齐民要术》告诉我们永远不能忽视经典的力量；对农史专家来说，《齐民要术》是我们的基因，需要我们认真研究、认真学习，更好地传播这一经典。"中国先秦史学会常务理事、山东省文物专家委员会委员，山东大学、山东师范大学、烟台大学兼职教授孙敬明先生，曾在赠我的寄语中写道："《齐民要术》可与《尔雅》、《文心雕龙》、李氏《本草》兑读，内涵博大精深，加深研究、弘扬传统、补徵历史、启迪当今，堪称功莫大焉。"虽然办会辛苦，但能够与久仰的农史界前辈、优秀青年学者相聚农圣故里，我既心存忐忑和感恩，又欣喜获益良多，同时更加坚定了我研究传播农圣文化的信心。

七是牵头组建了一支农圣文化传承创新团队。2021年，在单位的推动和领导的支持下，由我牵头组建的农圣文化传承创新教师团队，获评第二批山东省高校黄大年式教师团队，成为单位第一个省级教师团队。

八是从农圣文化研究向育人转化。我一向认为，高校从科研向育人转化是重要指向，这也是高校人才培养、文化传承创新职能的职责所在。2018 年，由我主笔报告的"以农圣文化为特色的中华优秀传统文化育人实践创新"项目，和 2020 年我参与的"农圣文化传承与乡村振兴实践相融合的农科'UGRE'人才培养模式探索"项目均获山东省省级教学成果二等奖。《乡村振兴背景下农圣文化对地方高校少数民族大学生文化认同的价值研究》论文获2021 年山东省高校思政教育类优秀科研成果一等奖。肯定是一种激励，更是一种动力。

九是研有所用，虽学浅有得但不敢自利。从 2015 年为米兰世博会中国馆《齐民要术》展项提供全部素材、协助项目审核，到 2019 年参加山东农业科技智库《山东农业发展史》的编审，主持寿光市双王城生态经济发展中心海盐文化节论证会，邀请到农业农村部全球重要农业文化遗产专家委员会主任委员、中国科学院地理科学与资源研究所资源生态与生物资源研究室主任闵庆文研究员等专家。从 2020 年担任寿光市政协组织编纂的文史资料选辑第 35 辑《寿光三圣文化》"农圣文化"部分主编，到 2021 年以来，作为特聘专家参加寿光市文旅局组织的地方历史文化资源挖掘保护与传承座谈、潍坊市文旅局组织的多项文旅项目评审工作。承蒙农圣加持、贵人相助，我得以尽一己之力，积极为传统文化"两创"鼓与呼。

这样啰唆下来，姑且可以算作我在贾思勰《齐民要术》研究、传播、育人、服务等方面做了点事，有了一些积累。但就《齐民要术》文本的研究依然还有很多领域需要挖掘和开拓，这或许可以作为我创作《齐民要术诗译》"为之者何"的原因吧。

以何为之？

我想，从以下几方面能够说明一些"何"之所指。

首先，当然是基于前面关于贾思勰《齐民要术》的研究、传播、育人、服务等方面的基础积累，以及受前辈、师者、同路者在这一方面的建树影响、熏陶而产生的钦佩与责任感。虽不能至，心向往之；虽非同质，愿同向而行。

其次，《齐民要术》鸿篇巨制，成书时代久远，又是一部农书，长期流传过程中不可避免产生很多抄刻上的伪、错、脱、窜、衍问题，同时还有地域性方言的局限，"奇字错见，往往艰读"，"盖书多奇字，自王世贞已费检核，辗转讹脱，理果有所不免也"，增加了阅读、传播的困难。习近平总书记强调：要把跨越时空、超越国度、富有永恒魅力、具有当代价值的文化精神弘扬起来。推动中华优秀传统文化创造性转化、创新性发展。并明确指出："创造性转化，就是要按照时代特点和要求，对那些至今仍有借鉴价值的内涵和陈旧的表现形式加以改造，赋予其新的时代内涵和现代表达形式，激活其生命力。创新性发展，就是要按照时代的新进步新发展，对中华优秀传统文化的内涵加以补充、拓展、完善，增强其影响力和感召力。"《齐民要术》作为一部国宝级典籍，既需要在学术理论上的研究与传承创新，又需要全方位、多角度、多样化的创新发展。其中对原著的通俗化传承显得尤为重要。2022 年 4 月 11 日，中共中央办公厅、国务院办公厅印发《关于推进新时代古籍工作的意见》，指出做好古籍工作对"赓续中华文脉、弘扬民族精神、增强国家文化软实力、建设社会主义文化强国具有重要意义"。"根之茂者其实遂，膏之沃者其光晔"，11 万多字"奇字错见"的原著往往让读者望而却步，如果择其要者简而化之，将一篇之要融于一诗之中，佐之以原著之文或专家观点相对阅之，读者即便难知其细，大概也能窥其貌而知其概。如果想要深入下去，既可参阅注释，又可对读原著，或许对《齐民要术》的传承创新能发挥一点作用。

再次，我的本业是汉语言文学专业，从事农史研究的根本原因就是贾思勰《齐民要术》。出于对文字的偏爱，从前面所做的事看，我对贾思勰《齐民要术》的研究与转化，也多倾向于文化或者文学方面。诗，作为我国文学宝库中的璀璨明珠，具有语言凝练、节奏鲜明、音韵和谐、富于音乐美等主要特点，历史悠久，影响深远，深受劳动人民喜爱。近体诗又有结构严谨、形式整齐、文字平仄相对等特点，读来抑扬顿挫、朗朗上口。并且，在我国的诗词大家族中，古代的"田园诗"是一个重要流派，诗文大多恬淡淳朴、清新自然。此外，用律诗译解《齐民要术》，前人还没有做过，现在做来或许能有一点新意，对传承传播农圣文化可能会有一些帮助。当然，受《齐民要术》内容所限，我译解的七言律诗算不上"田园诗"，只是用了律诗的形式而已。为什么选律诗而不用绝句？用"七言"而不是"五言"？原因是《齐民要术》每篇的内容太过丰富，律诗四联八句，绝句四句，用绝句或五言律诗体现实在捉襟见肘。当然，关键还是与我个人的文字水平和文学修养有关，借用贾思勰在《齐民要术》序中的话来说，真的是"未敢闻之有识……览者无或嗤焉"。

最后，虽有唱高调之嫌，但我毕竟是一名教育工作者，一名高校国学（传统文化）课教师，从心底里就有对中华优秀传统文化的热爱和传承传播中华优秀传统文化的责任感，增强文化自信的迫切感。现实社会中，还有一大批热衷于古典诗词的追梦人，坊间也不乏诗词爱好者，但很多人对古典诗词的格律与用韵知识一知半解。诗译农学巨著，大概能起到"一石三鸟"之功：既可以为古典诗词爱好者提供一些帮助，又可以帮助读者增进对传统农耕文化及其丰富内涵的感知，还可以用大众普遍喜爱的传统诗词方式传播农圣文化。所以，我对每首诗的用韵作了注明，用《齐民要术》原文对译诗作了简单注释，又增加了些关于农圣贾思勰和农家生活方面的诗词，附录中也增加了诗词格律的相关知识，希望不会是画蛇添足。

　　诗译前，我曾与全国农业展览馆（中国农业博物馆）、中华诗词学会会员徐旺生研究员作过沟通交流，得到其肯定和支持，书稿初成后又呈徐老师审阅，得到徐老师精心逐诗检阅，后我根据徐老师意见对格律欠妥处一一改之，徐老师还在百忙中以笔助力为序，并撰七律为贺，在此表示诚挚感谢。潍坊科技学院的魏华中校长、张友祥副校长、科研处牛志宁博士对本书的创作和出版给予了大力支持和鼎力相助，中国农业出版社孙鸣凤编辑等为选题、编审、校对、装帧给予了无私帮助和热心支持，在此一并表示万分感谢。我的家人为我专心译诗给予支持，提供了一切便利，在此也表示衷心感谢。也真诚期待和感谢专家学者，以及读者朋友的批评，我将虚心接受，并以此为动力，继续为传承、弘扬以贾思勰《齐民要术》为代表的优秀传统农耕文化作出努力。

李兴军

2022 年 10 月 16 日于农圣故里